Rumor Has It &
You Break it !

言 × 科學 × 真相

不會教的事，百萬鄉民熱烈討論中！

謠聲一變，別被流言嚇傻了！

果殼網 Guokr.com——著

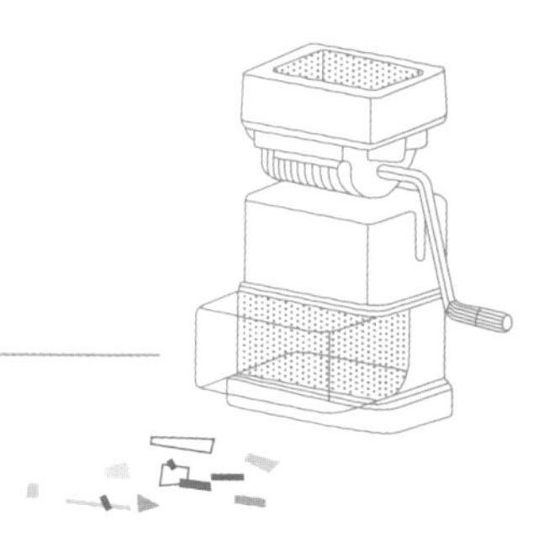

序言
人人有台粉碎機

謠，用《爾雅》中的解釋就是「徒歌」，隨口唱唱的，所以古人常常謠諺並稱。後來，這種「口頭文學」被用來製作預言，也就是所謂的讖謠。再後來，謠又長出了各種枝蔓，收進各種上下左右、前後古今的離奇故事。隨口唱唱的變成隨口說說的。謠諺就成了謠言。

科技領域是謠言的重災區。這並不難理解，正如亞瑟・克拉克爵士（Sir Arthur Clarke）所說，任何足夠先進的科技，都和魔法難辨差異。既然是巫魔一路，自然也就有了被叉上火刑架的資格，使人避之唯恐不及。然而，科技這東西在日常生活中又不是想避就能避得了的。無論願不願意，它已經而且會繼續改變我們的生活——只不過，科學話語的專業性、奇怪的創作衝動、復古思潮的影響、由不信任引發的陰謀論以及逐利的商業動機隨時都可能給我們平淡無奇的科學生活帶來波瀾。

從這個意義上說，做科學傳播就是不停地與那些科學謠言做鬥爭：食物相克、養生產業、食品安全、外星文化……

其時，正當果殼網草創。以喚起大眾對科技的興趣為主旨，以科技已經且必將繼續改變每個人生活為信念，我們建立了「謠言粉碎機」這個主題站，期望能以最直接的方式，介入公眾最渴求、最希望得到解釋的內容。

多年以來，中文互聯網世界的資訊洪流一直都脫不了「泥沙俱下」的評價。如何在這個局面下生產優質的、足以讓讀者信賴的內容，自然就成了果殼網及謠言粉碎機的主題核心。

此前，在面對專業領域的疑惑時，大眾媒介習慣於通過對專家的採訪來梳理、解答專業問題。這個做法快捷、直接，對大眾媒體來說或許是恰當的。不過，專家的答覆很有可能會受到研究領域、答覆準備等條件的限制，大眾媒體在信源選擇、內容剪裁方面也很有可能出現誤差，所以，在實際操作過程中往往會出現疏漏，造成烏龍報導、瑕疵報導。「專家變成磚家」的結果，與此類報導關係密切。

1. 科技話語的專業性使大眾媒介和一般讀者很難確切把握其中的微妙之處，再加上大眾媒體在製造新聞興奮點的時候，又常因為種種原因，有意無意地歪曲、掩蓋、模糊一部分事實，造成誤會。同時，由於媒體在新聞技巧上的疏漏，比如使用不當信源，對內容給予不當解讀甚至誤報，也會成為泛科技謠言的源頭。

2. 奇怪的創作衝動，說的是一種名為「釣魚」的行為。造作者故意撰寫包含偽術語、偽理論，但又符合一些人內在期許的文章，誘使後者轉載、援引，起到嘲弄的效果。著名的《高鐵：悄悄打開的潘朵拉盒子》一文即是「釣魚」的典範，在溫州動車事故之後，它甚至被誤引入公開報導。一些典型的搞笑新聞，比如《洋蔥新聞》、《世界新聞週刊》的內容，也曾經被媒體、網友誤作真實資訊引用。此外，一些科技媒體的愚人節報導，《新科學家》就曾遭遇此種情況。

3. 復古思潮的影響讓人們更傾向于信任傳統的觀念與方法，而排斥新的或者自己不熟悉、沒有聽說過的方法。特別是當傳統的觀念和方法對實際生活的並不產生惡性影響，或者成本很低時，人們尤其傾向於保守態度——各種「食物禁忌」即屬此列。

4. 由不信任引發的陰謀論，最典型的案例是各種災難傳聞以及與外星人、UFO有關的流言。在此類話題面前，很多人將官方、半官方機構視為「資訊隱藏者」，將科學報導者視為其同謀。在自然災害之後，陰謀論橫行的情況通常都會加劇。

5. 逐利的商業動機造就泛科技謠言的案例，最著名的是發生在1980年代的一個案例。當時有謠言稱，美國一家著名日化公司的圓形老人頭像商標是魔鬼的標識。這個謠言給該公司造成了嚴重的負面影響。事後的調查發現，謠言的源頭來自另一家公司的產品銷售商——相關的訴訟一直到2007年才終於塵埃落定。

泛科技謠言的成因如此多樣，所涉及的專業知識也面廣量大，乍看之下或許確實會讓人產生目迷五色的無力感。不過，其實利用一些恰當的資源、方法，對相關資訊進行簡單檢索、分辨，一樣可以對流言的真偽略有心得，雖不中亦不遠。

謠聲一變，別被流言嚇傻了

我們曾經如此描述「謠言粉碎機」的工作流程：果殼網的工作人員不厭其煩地將分析流言的全過程盡可能完備地記錄下來，甚至讓急於瞭解「最終結論」的讀者看起來覺得有些冗長，在文章的篇末，我們也總是盡可能開列上相關的「參考文獻」。這麼做的原因只有一個——為不瞭解探索過程的讀者提供一種線索，使之逐漸熟悉自行探索的工具和方法，最終實現「人人有台謠言粉碎機」的願景。

道路看起來很漫長，但幸好它就在腳下。

果殼網主編

徐 來

目錄 Contents

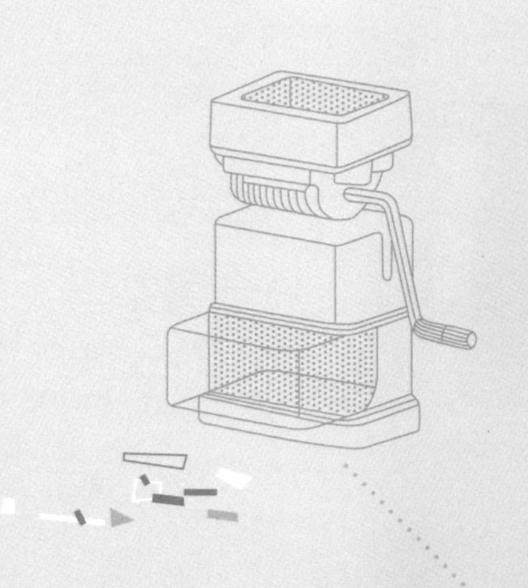

1

第一章／

經典名謠

鴕鳥：我們很會跑，不需要藏頭

◎鷹之舞

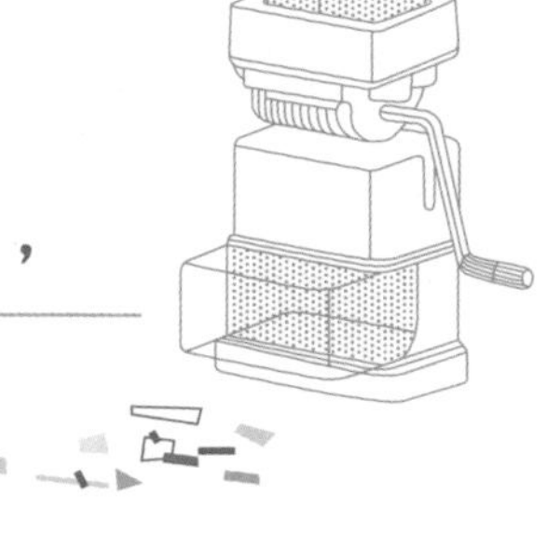

Q

長久以來，人們都認為鴕鳥受到驚嚇會把頭埋在沙子裡以逃避危險。也由此引申出「鴕鳥心態」這個俗語，用來比喻遇到問題不積極面對，而是消極逃避、自欺欺人的做法。人們嘲笑鴕鳥的愚蠢，久而久之，鴕鳥就被用來代指愚蠢的人。

鴕鳥作為愚蠢的象徵早在聖經《舊約》中就有記載（約伯記39：13-17）[1]：「鴕鳥的翅膀歡然扇展，豈是顯慈愛的翎毛和羽毛嗎？……因為上帝使牠沒有智慧，也未將悟性賜給牠。牠幾時挺身展開翅膀，就嗤笑馬和騎馬的人。」不過最早寫下這則謠言、明確描述鴕鳥行為的人，則是西元23~79年間的羅馬思想家老普林尼（Gaius Plinius Secundus）。在他的自然歷史著作中寫道：「（鴕鳥）認為當牠們把頭和脖子戳進灌木叢裡時，牠們的身體也跟著藏起來了」[2]。隨著時間的推移，這個描述竟然漸漸演變成鴕鳥是將頭埋在沙子裡。

如果說鴕鳥（Struthio camelus）把頭和脖子戳進灌木叢還有些許可能性的話，「把頭埋進沙子裡」的情形則完全不可能出現，因為如果這樣的話，鴕鳥會被活活憋死[3]。大家都知道，鳥的鼻孔多半著生在喙的基部，而像奇異鳥*這樣只能靠嗅覺覓食、不得不把鼻孔生在喙前端的鳥兒，插進泥裡尋找食物之後就得用力噴一噴鼻孔，以除掉妨礙呼吸的雜物。如此，又怎麼會出現鴕鳥冒著憋死的危險，把頭埋進沙子裡好半天的事情呢？由於鴕鳥的頭和身子相比顯得很小，所以可能是當牠把頭貼近地面時

* 奇異鳥（Kiwi），又稱鷸鴕，是無翼鳥科三種鳥類的共同名稱，因其尖銳的叫聲「keee-weee」而得名。

被誤以為埋進了沙子裡。在鴕鳥的生活中，也確實存在一些場景很容易讓人產生這樣的誤解。

場景一：隱藏

成年雌性鴕鳥以及幼鳥的體羽主要是棕灰色的，是很好的保護色，宣示著牠們家鄉——非洲大草原的色彩[4][5]。只有當鴕鳥處於十分不利的位置和環境中，例如正坐在巢上不方便放大絕的鴕鳥，才會為了躲避敵人而盡可能地隱藏自己。當鴕鳥把脖子和頭貼在地面上時，敵人多半很難發現鴕鳥的頭，而將鴕鳥的龐大身軀當成長著草的土堆[6]。成年雄性鴕鳥的翅膀和尾羽是黑白相間的，可以很好地與夜色融為一體，方便牠們在夜晚隱藏自己。

也許最早觀察到這個行為的人，和鴕鳥的天敵一樣，只看到了身子而沒有看到頭，才會認為鴕鳥把頭埋在沙子裡了吧。

場景二：覓食

在鴕鳥的食譜裡，最常出現的是植物的各個部分：根莖葉、種子、花、果實什麼的。有時牠們也會吃點昆蟲和小的脊椎動物改善一下伙食。因為鴕鳥沒有牙，所以還得時不時吞點沙子、卵石什麼的，來幫助自己磨碎這些食物。一隻成年鴕鳥可以隨「胃」攜帶一公斤的石子，光是想想就覺得好沉。在地上尋尋覓覓，加上吃石子，鴕鳥的頭會很貼近地面，若不仔細觀察，人們很容易以為牠們又躲起來了[6]。

場景三：翻卵

母鴕鳥會把卵產在土堆的淺坑裡，借著太陽的溫度來說明孵化。為了讓卵受熱均勻，負責白天孵卵的準媽媽們總要把嘴伸進坑裡翻幾次卵，這樣貼近地面的動作，看上去就如同把頭埋進土堆裡一樣。值得一提的是，準爸爸們會借著天生的保護色，在晚上擔當起孵卵的重任。

場景四：遇上敵人怎麼辦？

既然「將頭埋進沙裡躲避危險」是空穴來風，那當鴕鳥遇到危險時該怎麼辦呢？實際上，如果遇敵，鴕鳥做的第一件事就是——跑。雖然鴕鳥隸屬於鳥綱（鴕鳥是鴕鳥目[Struthioniformes]下唯一一個種），但牠已經不具備飛翔的本領了。這些傢伙的翅膀已經特化，羽毛的細絲間沒有鉤系，無法形成完整的一片有飛行功能的羽毛，因此只能留在陸地上。儘管不能用來飛，牠們的羽毛仍然具備基本的保暖和散熱功能，並且還能在奔跑時協助改變前進方向[4]。

即使不能飛，鴕鳥一樣能有力地抵禦各種敵人。憑藉一雙強有力的雙足，其奔跑時速可以達到70公里。此外，鴕鳥所獨有的只有兩隻腳趾的腳掌，也讓牠們更適應奔跑。若是沒有成功跑掉，鴕鳥還能施展拳腳功夫與敵人搏鬥——不要小看這對強壯的足，牠的力量足以殺死一頭成年雄獅。與此同時，不能飛的翅膀也可以輔助攻擊[2]。

A

謠言粉碎。

很多錯誤的結論都是由於觀察不夠仔細導致的，鴕鳥也不例外。牠們已經被誤解了兩千多年，即使知道真相的人越來越多，也無法抵抗「像鴕鳥一樣愚蠢」「鴕鳥政策」這樣的俗語的廣泛流傳。隨著小心求證的Geek們越來越多，也許有一天這些俗語會變成「像鴕鳥一樣強壯」，如果那時候還有鴕鳥的話。

參|考|資|料

[1] (1,2,3) Does the ostrich bury its head in the sand?

[2] (1,2,3) Ostriches stick their heads in the sand to hide when they’re frightened. Animal fact or fiction?

[3] Animal Myths Busted.

[4] (1,2) Ostriches.

[5] The Life of an Ostrich.

[6] (1,2) Why Do Ostriches Bury Their Heads in Sand?

水什麼答案也不知道

◎擬南芥

水不僅有喜怒哀樂，能感知人類的感情，還知道生命的答案？

一位名為江本勝的日本人自1999年以來，出版了一系列書籍以宣揚他的某些觀點。其中，《水知道答案》這本書尤其有名，不僅風靡日本，在中國大陸和臺灣地區也很流行。在書中，江本勝提出，水不僅自己有喜怒哀樂，而且還能感知人類的感情。因為書中包含了許多漂亮的水結晶圖片，所以吸引了大量的讀者。

有意思的是，在中國，這本書被當成了一本科普讀物。而在西方，大家僅僅把它看作一本圖片集罷了。那麼，這本書的內容到底有沒有道理呢？

江本勝其人

江本勝畢業於橫濱市立大學，專業是國際關係。1992年，他從印度國際開放大學獲得了替代醫學博士學位。替代醫學（Alternative Medicine）是指那些不被科學界承認的醫學理論和技術，而隸屬於印度替代醫學委員會（Indian Board of Alternative Medicine）的國際開放大學正是一所專門頒發替代醫學「學位」的學校。只要在網路上交幾百美元，不用上課也不用考試，就能獲得醫學博士或哲學博士的學位。據夏威夷大學的葛林伯（Gary Greenberg）考證，江本勝就是用350美元買到博士學位[1]。有媒體報導稱，「太醫」劉弘章之子劉浡也是在這個學校獲得學位[2]。

荒謬的發現

江本勝最大的「發現」就是聲稱水可以產生和人類相似的感情。他在書中寫道，如果在瓶裝水外面貼上日文「感謝」的標籤，瓶子裡的水就會結出漂亮的晶體。而且把日文的「感謝」換成中文、英文、德文、法文、韓文以及義大利文，都會得到類似的結果。看到這裡，這本書的大部分讀者都應該感到羞愧才是——一團既沒有感官細胞也沒有語言中樞的水分子居然能看到並理解七國語言，實在不由得讓人肅然起敬。我沮喪地想，為什麼很多人的身體70%是水，但卻只知道「雅蔑蝶」呢？是不是他們腦子裡的水分子不如江本勝實驗室裡的水分子聰明呢？

水不僅能看懂和情感有關的詞彙，還能識別歷史人名。當江本勝在水容器上貼上希特勒的標籤時，水會呈現出和「殺死你」字樣類似的結晶；與此相反的是，當水看到德蕾莎修女的名字時，則會結出與「愛和感謝」字樣相似的圖案。看來水不僅可以認字，還學過現代史。也許有很多人沒聽說過德蕾莎修女，水分子比他們都強。臺灣作家洪志鵬曾經這樣諷刺江本勝的研究：「接下來如果拿飯島愛或小澤圓的照片來試試，搞不好水看了一陣子之後就會直接從瓶口射出來。」[3]

江本博士不僅認為水分子能識文斷字，還發現水能辨別不同種類的音樂。在播放了貝多芬的交響樂以後，水分子能結成美麗工整的晶體，不過，如果強迫讓它們去「聽」搖滾樂，它們就會結出難看的晶體以示抗議。

這個發現也很驚人，因為問候和辱罵之間的界限相當清楚，而判斷音樂是否美好卻很大程度上取決於不同個體的主觀感受。看起來在地球上存在了幾十億年的水分子和在地球上存在了幾十年的江本勝一樣，認為搖滾樂是年輕人的靡靡之音，不過，當天上的雪花開始從雲層中結晶出來的時候，經歷了冬日的驚雷和淒厲的狂風，為什麼還能形成各種各樣漂亮的形狀呢？

晶體因何而成？

雪花為什麼會有不同的形狀？這可不是一個簡單的問題。不過，科學家們也並非對這個問題一無所知。加州理工學院物理系主任勒布雷特（Kenneth Libbrecht）就是研究水結晶的專家。他發現，水分子可以形成六角形的晶格結構，這些六角體有兩個六角形的面和六個正方形的面。如果晶體向兩個六角形的面的方向生長，就會變成一個柱狀晶體；而如果向六個正方形面的方向生長，則會形成一個片狀的六邊形晶體。在此基礎上，片狀或柱狀晶體還能長成更加複雜的結構，最終形成各式各樣的雪花。

那麼，到底是什麼原因導致了雪花形狀的區別呢？實際上，溫度和濕度是決定雪花形狀的最重要的兩個因素。如果結晶溫度在-5℃到-10℃之間，晶體更容易形成柱狀或是針狀的結構。而在-15℃左右的情況下，水汽傾向於結成片狀的雪花。至於雪花的複雜程度，則和濕度有關。濕度越小，雪花的形狀就越簡單。根據這些發現，勒布雷特甚至可以在實驗室中通過人為設定的條件來設計不同形狀的雪花。

「重大發現」不該如此「低調」

江本勝直到今天也沒有把自己的文章發表在學術刊物上，所以我們不知道江本勝研究方法的細節。不過，發表論文，接受同行評議，才是科學家公布自己研究成果的正確做法。不願意接受檢驗的「研究」連錯誤都談不上。為什麼江本勝會得出《水知道答案》中的結果？勒布雷特認為，這很可能是「選擇性研究」的結果，江本勝有選擇地挑出了他想要的圖片：在播完了貝多芬的交響樂以後，從數百個晶體裡選出了一些漂亮的晶體放在書裡；在讓水「聽」完搖滾之後，則選擇一些難看的晶體。這樣一來，任何人都可以得到自己想要的任何結論。[4]

江本勝自己在採訪中承認，在他的研究過程中，沒有使用雙盲的方法。所以，研究人員可能因為無意識地選擇資料而影響研究結果。他還認為，實驗員心裡的想法也會影響水結晶的形狀，所以總是選擇那些更希望研究成功的人，而非技術嫻熟的人來做實驗，這就相當於把沒有進行雙盲實驗的危害放大了。[5]

事實上，如果此人對自己的結果有點起碼的信心，就不會如此羞澀。如果他可以為自己的研究提供確鑿的證據，寫成論文發表，並且經過科學界的檢驗，那麼他獲得的好處，將遠比賣幾本書大得多。以揭穿各種偽科學而聞名的魔術師詹姆斯．蘭迪（James Randi）曾經公開宣佈，如果江本勝可以在控制合理的雙盲實驗中證明他的理論，就給他100萬美元，不過江本勝從未公開回應。[6]

謊言的背後是經濟利益

有些人認為，「即使這是一個謊言，也是溫情的。……至少這本書教會了我們愛和感激。」不知道這些人是否同樣認為語文課本中那些編造的虛假事實，也可以起到教育學生的效果。可惜，這種看法的前提就站不住腳，江本勝宣傳自己的「研究結果」有著明確的商業目的。他的公司正在出售一種「高能水」，號稱這種水有著最完美的晶體結構，還可以延緩衰老，治癒疾病。這樣的水自然價格不菲，一瓶227克的「高能水」價格是35美元。[7]試問，為了讓自己得利，通過謊言造成消費者的經濟損失，這是哪門子的「愛」？不過謠言粉碎機調查員十分肯定，愛與感激是那麼的美好，所以傳播它們並不需要建立在虛假的事實之上。我們還相信，求實和理性同樣是人類最美好的感情，而通過謊言虛幻出的美只要輕輕一戳就會煙消雲散。

謠言粉碎。

決定了雪花形狀的是溫度和濕度。至於雪花的則和濕度有關。濕度越小，雪花的形狀就越簡單。所以，水根本談不上喜怒哀樂，也不能感知人類的感情，更不知道生命的答案。

參|考|資|料

[1] Gary Greenberg (2006). There’s no evidence water can understand human speech.

[2] 剝開“劉太衣”。

[3] 洪志鵬（2003），活見鬼的水結晶。

[4] Kenneth Lebbrecht. Snowfl ake physics, myths and nonsense.

[5] Kristopher Setchfied (2005). Review and analysis of Dr. Masaru Emoto’s published work on the effects of external stimuli on the structural formation of ice crystals.

[6] Chiropractic Crackup, Talking to Water, Sylvia Emerges!

[7] Dr. Emoto’s Structured Hexagonal Water Concentrate.

都是月圓惹的禍？

◎饅頭家的花卷

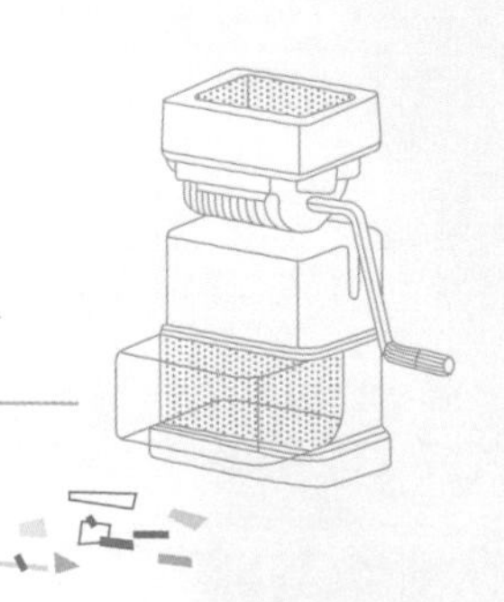

Q

滿月會影響人類和動物的行為？月亮為大海帶來潮汐，而人體和地球一樣，80%由水構成，因此月亮對人的生理和心理也會產生影響。有研究指出，在滿月的夜晚，犯罪、精神病、自殺以及醫院的急診案例都會增加。

話說源於占星——根據天象來預知人間事務——的思想中，不乏關於滿月會使人精神變化，導致犯罪率、自殺率上升的說法。滿月果真有如此威力？

潮汐躺著也中槍

說到月球對於地球的影響，主要可以體現在兩方面——光照與潮汐，而這兩方面也恰好受到月相變化的影響。光照的變化對於咱們人類來說實在微不足道，且不說月亮其實是反射了太陽的光，根本就沒啥特別和神秘的，就說現在各位面前的電腦螢幕，那可比月亮的光給力多了。於是，更多的流言瞄準了潮汐的力量。

潮汐是由於天體間引力所形成的現象，潮汐漲落每天都在上演。在新月、滿月之際，太陽、月球和地球成一條直線，所形成的潮汐力較大；在上弦、下弦月之際，太陽、月球和地球成直角，所形成的潮汐力較小。如果從潮汐角度來解釋滿月對人的影響，那新月與滿月所帶來的影響是相同的，這坑爹的流言怎麼就厚此薄彼了呢？此外，潮汐力的大小受地月距離的影響更大，而地月距離的變化與月相並不同步，綜合來看，一個月相的週期裡，大潮未必就發生在新月和滿月那天。怎麼就獨獨滿月這麼特殊呢？

至於流言中提到的「人體和地球一樣，80%由水構成」這個說法，只是牽強附會，嚴重不可信！地球表面約70%是海洋，成年人體重的約70%是水——這明顯不是同一件事，只是一個數字巧合罷了。從力學角度來說，流體由於潮汐力而產生的形變，與其本身的體積大小相關，潮汐力引起十公尺高的海潮，在人類看來很巨大，但與地球上海水的總體積相比，其實是微不足道的，這種程度的形變如果放在浴缸、馬桶、茶杯的尺度下，就幾乎無法觀察到了。

此外，關於月相與性和生育有關的說法也流傳甚廣，依據是月相的週期與人類女性的月經週期基本吻合。且不說月經週期的起迄時間因人而異，人類以外的其他哺乳動物也基本不吃這一套，難道月亮的神力特別眷顧人類嗎？

拿資料還月亮一個清白

幸好，對於月相與人類行為的關係，國外的學者還真沒少研究，積累了大量的資料和記錄來為月亮洗清罪名。大量的研究都表明，月相和人類行為與生理之間沒有統計學上的相關性。2001年進行的一項對於美國1980到1990年出生人口的統計調查結果表明，一個月相週期內每天新生兒的數量變化並沒有規律，而且每天的資料與平均值之間的偏差也都在合理範圍之內，這說明人類的生育水準與月相變化沒有統計學上的相關性。[2]

2008年進行的一項對奧地利65,206起自殺案件的統計[3]，以及2010年進行的一項對德國23,142起暴力侵犯案件的統計[4]，也都沒有顯示出與月相的相關性。學者們還對焦慮、抑鬱、入院、藥物過量、交通事故以及動物咬傷等方面的案件進行了統計研究，絕大部分統計結果都表明，這些現象與月相變化之間並不相關。

此外，確實也有一些研究結果顯示月相和癲癇發作[5]、消化道出血[6]等生理變化之間存在相關性。但當學者對過去進行過的23項顯示一定相關性的研究進行審閱時，結果發現其中近半數至少包含一處統計錯誤。[7]除此之外，還有一些統計結果被媒體誤讀，或者其資料和方法的可信度無法通過統計學驗證。

需要強調的是，這裡所有的統計研究都只能揭示月相變化和人類行為是否有相關性，而相關性並不等於因果性，即通過包含相關性的統計結果，不能得出「月相變化影響了人類行為」的因果性結論，更不能依此就定了月亮的罪。

文化差異可見端倪

既然如此，那麼人們為什麼會相信滿月的神秘力量呢？這恐怕得從文化上找找原因。在西方民間傳說中，滿月一直與瘋狂、魔力、變身相關。例如英語中「精神失常」（lunacy）一詞的詞根便來自拉丁文的月亮（Luna），還有在月圓之夜會變身的狼人傳說——當然，滿月變身未必都是狼人，還有可能是賽亞人。除了狼人，吸血鬼、女巫等也都和滿月脫不了干係，因此滿月在西方文化充滿了恐怖氣息，說滿月導致精神失常、自殺、犯罪上升，也就不難理解了。不過在我們中國古代文化中，滿月卻是象徵美好、愛情和團圓，一點兒也不恐怖。相反，殺人放火這種事情往往得選個「月黑風高」的日子才行。可見，民間傳說並不代表科學，不同地方的人們認識問題的角度不同，得出的結論就可能不同，甚至互相矛盾。類似的例子還有很多，例如同一種動物（如蝙蝠、龍）在東西方就擁有幾乎完全相反的文化內涵。

A

謠言粉碎。

儘管很多傳説稱月相變化會影響人類的生理和心理，但這些説法並沒有科學依據，絕大多數統計學研究的結果都認為牠們之間沒有相關性，更加沒有研究能夠證明其之間的因果關係。關於「月圓之夜」的那些傳奇故事，只能歸類為都市傳説了。

參|考|資|料

[1] Human Behavior During Full Moon.

[2] Overview: Do birth rates depend of the phase of the moon?

[3] Not carried away by a moonlight shadow: No evidence for associations between suicide occurrence and lunar phase among more than65,000 suicide cases in Austria , 1970-2006.

[4] Biermann T., et al. Relationship between lunar phases and serious crimes of battery: A population-based study. Compr Psychiatry, 2009 Nov-Dec;50 (6).

[5] Sallie Baxendale, Jenifer Fisher. Moonstruck? The effect of the lunar cycle on seizures. Epilepsy & Behavior, Vol 13(3), Oct 2008.

[6] Román EM et al. The influence of the full moon on the number of admissions related to gastrointestinal bleeding. International Journal of Nursing Practice. 10(6).

[7] Kelly, I. W., James Rotton, and Roger Culver. The Moon Was Full and Nothing Happened: A Review of Studies on the Moon and Human Behavior and Human Belief, Skeptical Inquirer 10 (2).

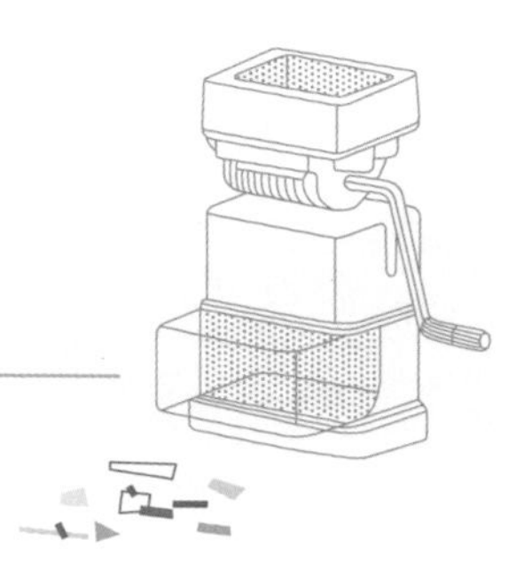

熊出沒注意：站直，別趴下！

◎famorby

Q

許多人都聽說過，遇到熊最好的求生方式就是躺下裝死！因為熊不吃死掉的動物。真有其事嗎？

熊是食肉目熊科動物的統稱，目前全球有八種熊[1]：有大家耳熟能詳的棕熊、黑熊（美洲、亞洲）、北極熊和大熊貓；還有不那麼著名的眼鏡熊、懶熊和馬來熊。除了馬來熊的體型算不上巨大，其他的熊可都是龐然大物，遇到牠們不能掉以輕心。「遇到熊時，趕快躺下裝死，因為熊是不吃死掉的動物的。」這個說法廣為流傳，但究竟有多少可信度呢？先來看看熊到底吃不吃死物吧。

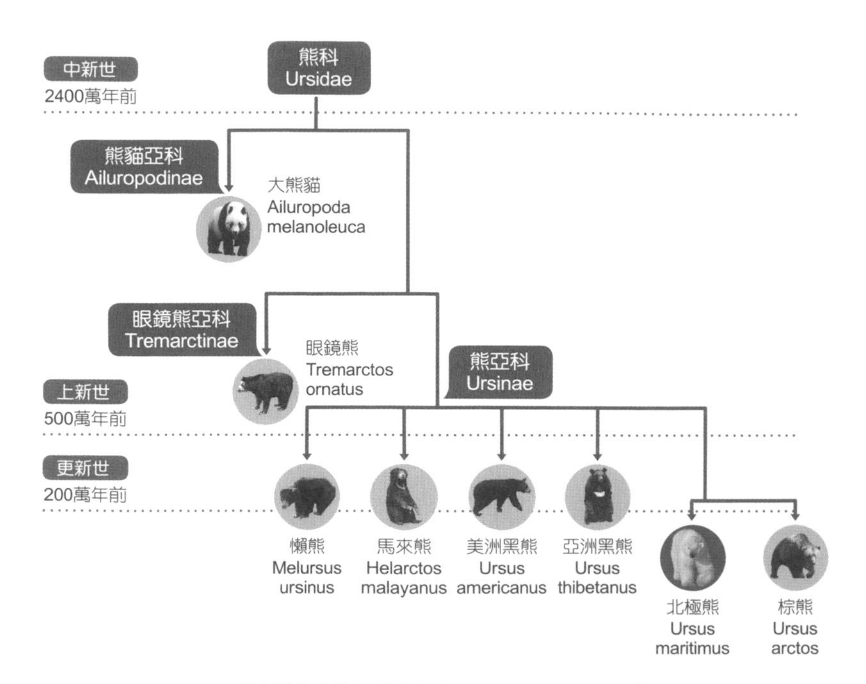

熊科動物的進化圖（來源：giantpandaonline.org）

就許你們吃臭鱖魚，不許我們吃臭人肉嗎？

雖然熊是雜食性動物，青草、嫩枝、苔蘚、塊根、塊莖、果實、昆蟲、鳥類、魚、鼠類、蛙、鳥卵、蜂蜜，甚至鹿、羊、牛等，都在熊家的菜單上有一席之地，但熊畢竟身為食肉目的一員，多數熊還是更愛吃肉的（默默無視有素食主義傾向的眼鏡熊）。就算是平日裡主要靠啃竹子度日的大熊貓，遇到竹鼠也絕不放過，偶爾還會偷吃村民曬的肉乾 [1]。

至於動物的屍體，各種熊都是來者不拒的，北極熊表示我們這裡的肉長期保鮮，馬來熊經常享用老虎的殘羹[2]，研究人員曾拍攝到大熊貓對著死去的小鹿大快朵頤。近年來，許多棕熊和黑熊的棲息地被破壞，食物匱乏的牠們就盯上了居民區的垃圾桶。總而言之，新鮮的肉當然更好吃，但熊並不會浪費死掉的大餐。

熊出現……怎麼辦？

即使遇到的是一頭吃飽了的熊，不太想吃死肉，但生性貪玩的牠如果伸出力大無窮的厚掌把裝死的你翻過來、拍過去地查看，或者用長滿倒刺的舌頭舔你，或者在你身上坐一坐……這都不是有趣的事，不死也搭上半條命。而如果是餓熊的話，不管獵物死活牠都會直接開餐的。所以萬一「熊出現！沒注意……」的話，裝死並非明智之舉，還是來看看到底應該怎麼應付吧！

遇到熊時最重要的是保持鎮靜，不要和熊對視，不要做出突然的舉動。大多數的時候，熊對人並沒有攻擊性，牠們往往只是站立起來觀察你是否對牠造成威脅，這時瞪視、奔跑和尖叫都可能引起牠不安而發動攻擊。熊善於爬樹和游泳，而且奔跑的速度也比人類要快許多，所以不要妄圖通過任何途徑快速逃脫。應該冷靜地花幾秒鐘時間評估一下周圍的環境，確定出逃生的路線，再緩慢地、順著風、倒退著離開。中國俗語管熊叫「熊瞎子」，這是因為熊的視力不發達；但熊有非常靈敏的嗅覺和聽覺，所以順風慢慢離開可以避免牠根據氣味進行追蹤，保持安靜可以讓熊覺得你對牠無害。[3]

偶有「裝死逃過熊掌」的報導，往往是因為當時熊並不餓，而當事人蜷縮躺下，用手護住頭頸裝死的舉動，減輕了熊「受到威脅」的感覺，避免了牠受驚而自衛。但如果熊已經發動了攻擊，則要立即還手，頑強抵抗，擊打熊的鼻子，讓熊知道獵物不易得手，知難而退（基本上很難實現）。[4]

小熊憨態可愛，逗人喜愛，但在野外看到小熊千萬不要上前動手動腳，母熊一定就在不遠處，熊媽媽為了保護小熊是會做出「任何事情」的！

你可知殘暴非我本性

雖然大多數的熊稱不上性格溫順，但也不會主動襲擊人。在日本山間活動的人往往佩戴「驅熊鈴鐺」，熊在遠處就能聽到聲音而不敢靠近，北美的探險隊員也會採取邊走邊弄出聲響的辦法，嚇跑周圍的熊。

為什麼會發生熊襲擊人的事件呢？主要的原因還是在於人。首先，由於人類不斷地深入野生動物的棲息地，熊可能為了捍衛小熊、保護食物、自我防衛等原因而對入侵的人類發起攻擊。其次，人類的活動破壞了生態平衡，導致熊的食物減少，不得不到城鎮和村莊覓食，與人狹路相逢時可能就會發生襲擊事件。最後，熊是一種非常聰慧的動物，馬戲團中常有訓練得宜的熊演員就是明證。聰明的熊可能會記住人類獵殺牠們同類的行為，並做出復仇的舉動，就像電影《熊的故事》（L' ours，1988）那樣。

在俄羅斯的堪察加半島，因為人類過度捕魚，導致熊的主要食物——鮭魚的數量大幅下降，迫使熊逐步走入城市範圍，翻倒垃圾桶找食物，於是襲擊人類的個案隨之增多。[5]在日本，近年來隨著自然林面積縮減，加上全球暖化，山毛櫸、櫟樹等結實減少，熊由於食物不足而走出山林。[6]阿拉斯加原本是人跡罕至的淨土，當地的熊在各條溪流中覓食；然而隨著人類的遷入，人和熊的生存範圍相互重疊，襲擊事件也就不可避免地發生了。全球暖化也讓北極圈內每年的海冰形成得更晚，融化得更早，饑餓的北極熊將被迫在岸上花費更多時間，因此一旦遇到人類，發生潛在悲劇的可能性也增大了[7][8]。而人們為了熊掌、熊膽和熊皮大衣不斷獵殺熊，這無疑也加劇了牠們在面對人類時的暴戾情緒。

野生的熊對陌生的人類還是懷有畏懼的，他們只求在自己的世界裡安靜生活，如果人類更尊重自然、愛護自然，許多悲劇也就不會發生了。

A

謠言粉碎。

熊愛吃肉，對於動物屍體也來者不拒，所以裝死並非明智之舉。保持鎮靜，不要有突然的舉動，不要激怒熊，同時迅速評估周圍的環境，緩慢、順風並倒退著離開，是普遍建議的應對之策。

參|考|資|料

[1] (1, 2)Wikipedia: Bear
[2] 馬來熊（Helarctos malayanus）
[3] What to Do if You Meet a Bear?
[4] What do you do when you meet a bear?
[5] Bears besiege Russian mine after killing guards.
[6] 日本熊傷人事件頻發，食物荒和全球變暖或是主因
[7] Polar Bear Attacks Surprisingly Rare.
[8] Kieran Mulvaney. 2011. The Great White Bear: A Natural & Unnatural History of the Polar Bear. Houghton Miffl in Harcourt.

左撇子更聰明嗎？

◎擬南芥

當你拿起筷子，旁邊就座的美女發出了驚呼：「你是左撇子呀？」語氣中帶著意外與羨慕，因為左撇子比較聰明的想法早就深植人心了。不過這個說法到底有多少科學依據呢？

關於智商和左右撇子之間的關係早在70多年以前就開始研究了。1933年，巴克內爾大學的心理學家讓339名新入學的男學生接受智商測試，隨後，這些學生又接受了左右兩隻手的力量測試。研究結果顯示，這些大學新生的智商，不僅和左右手的力量大小沒有關係，和兩手力量的比例也沒有關係。[1]

30多年後，一些神經科大夫為了緩解癲癇病人的症狀，試著割斷了他們兩個大腦半球之間的聯繫。這些做了手術的病人有個通俗形象的稱呼：裂腦人。加州理工學院的神經生物學家羅傑·史派瑞（Roger W. Sperry）對裂腦人很感興趣，並且做了一系列實驗。他發現，兩個大腦半球有各自的獨立性，也存在不同的分工。如果讓一個右撇子裂腦人的左手握住一塊物體，他會否認自己握著東西。因為絕大多數人的語言中樞位於左半球，而大腦右半球感知的資訊不能傳達到大腦左半球。這個發現讓科學家開始更加關注左右撇子影響大腦的各種可能。

此後數十年裡，大量的研究結果湧現出來。不過，到目前為止，科學界也沒有形成統一的結論。有些時候，一項研究發現左撇子或是右撇子的某項能力佔有一定優勢，其他相似的研究卻提出了反面的證據。不過，存在爭議本身也能說明一定的問題，即使左撇子更聰明一些，左右撇子之間的智商差距也肯定很小，否則也不至於研究數十年還沒有統一的結論了。

科學界的爭論不休

1969年，加州理工學院生物系的傑佛瑞·利維（Jeffry Levy）在《自然》雜誌上發表了一篇文章。他用韋克斯勒成人智力量表（Wechsler Adult Intelligence Scale，又叫韋氏智力測驗）測量了25名加州理工學院理科研究生的智力。在這25名學生中，十個人是左撇子，另外15人是右撇子。利維發現，左撇子和右撇子的語言智商（verbal intelligence）基本沒有什麼差別，但是左撇子的視空間智商（visuo-spatial intelligence）平均只有117，明顯比右撇子的平均操作智商130要低。視空間智商可以衡量一個人對於空間和距離的認知能力，是一項很重要的智商指標。[2]

1973年，劍橋大學遺傳系的教授吉伯森（J. B. Gibson）同樣在《自然》雜誌上回應了利維的文章，表示不能贊同利維的統計方法。吉伯森認為，利維的研究樣本量太小，而且受測物件都是同一個學校的理科研究生，來源過於單一。吉伯森在回應文章裡給出了自己的資料。他的測試對象是145位元科學家：13名左撇子的平均視空間智商是120.4，而剩下的132位右撇子的智商是120.7。因此，吉伯森認為自己得到的資料不支援右撇子更聰明的觀點。此外，他還強調，自己的研究樣本同樣單一，而且左撇子的人數也太少了，所以僅靠這些資料不能得出任何可靠的結論。[3]

1974年，布拉德福德大學心理系的羅伯茲（L. D. Roberts）在《自然》上對之前的兩篇文章同時做出了回應。他認為應該採用一種更加合理的智商測試方法。他用這種方法比較了十個左撇子和十個右撇子的智力，發現左撇子和右撇子在所有的智商指標上（full verbal, performance, verbal comprehension, perceptual organisation）都沒有顯著區別。[4]

類似的爭議還出現在一些對專業人群的研究中。1982年，一項針對大學數學教師的研究發現，那些喜歡用左手的人，似乎在應付數學問題上更有天賦。[5]教育心理學家卡蜜拉·本博（Camilla Benbow）於1986年和1988年兩度發表論文表述了類似的觀點[6][7]。但更晚一些的研究完全否定了之前的論文，認為數學天賦和左右手的偏好沒有關係。[8]

還有些研究甚至發現左撇子可能比右撇子笨一點。在1998年的一項研究中，研究人員讓657名8~14歲的志願者接受智力測驗，然後把他們分成天才和非天才（gifted and non-gifted）兩組。結果表明，雖然左撇子和右撇子的總體得分基本相同，但是天才組中右撇子的比例比非天才組中的比例還要高一些[9]。一些學者認為，左撇子的形成是胎兒發育和出生過程中大腦的一些損傷導致的[10]。這樣的損傷有可能讓左撇子產生一些優勢，也有可能導致一些劣勢。

有鑑於左右撇子和智商的關係很難釐清，一些科學家另闢蹊徑。他們更關注左右手熟練程度的比例，而非左右手中的哪個更加熟練。不過在這樣的角度下，不同的研究仍然出現了一定程度上的矛盾。很多比較早的研究顯示，相對於純粹的左撇子和右撇子而言，那些左右手比較平均的人比較聰明[11]。之後的研究則出現了相反的結果。2006年，科學家通過互聯網收集了255,100個實驗對象的資料。參加實驗的志願者有五種類型：左手、基本用左手、兩隻手都能用、基本用右手、右手。結果發現，那些兩隻手都能用的實驗對象的空間認知能力最低，而出現閱讀障礙的可能性最高[12]。

比較可靠的研究出現在2010年，澳洲、英國和紐西蘭三國的科學家通過大腦研究和整合生物學網路資料庫（Brain Research and Integrative Neuroscience Network）獲得了895個樣本。他們發現，那些不專一的右手使用者的一般認知能力（general cognitive ability，GCA）比專一的左撇子和右撇子都要強一些。而左撇子和右撇子的一般認知能力則沒有很大的不同。

樸素的左撇子與智商推論

如果說科學界的研究雖然存在爭議但至少有理有據的話，民間對於左撇子和智商推論的理由就顯得千奇百怪了。一種相當常見的說明方法是舉出很多左撇子天才作為例證。可是舉例子並非證明的方式，一個人同樣可以舉出無數右撇子天才的例子。更何況，很多左撇子天才的案例是編造出來的。例如，網路上聲稱愛因斯坦是左撇子的文章多如牛毛，可是幾乎所有能顯示出愛因斯坦慣用手的照片都表明：愛因斯坦是一個右撇子。認為左撇子更聰明的人還喜歡用美國的總統們做例子，因為二戰以後的13位美國總統中，有六位是左撇子。不過這樣的理由也缺乏統計的基礎，因為「美國總統」是一個非常狹窄的範圍。在世界上的200多個國家中的任何一個做總統都不是件容易的事，是不是所有國家的領導人都是左撇子居多呢？如果大多數國家的領導人中左撇子都不占高於常人的比例，那麼挑出幾個特別的例子（例如美國）並不能說明很多問題。

謠言粉碎。

左撇子和右撇子在認知能力上是否存在差異，這仍是一個有爭議的問題。即使存在，這種差距也不大；而且這只是從統計的角度而言，對於某個個體來說，意義更小。更何況一個人是否能愉快而有品質地生活，和本人的智商也未必有很大的聯繫。無論是作為左撇子而感到自豪，或是作為右撇子而對左撇子感到羡慕，都是沒有必要的。

參|考|資|料

[1] Harriman P. Intelligence and handedness. The American Journal of Psychology. 1933;45(3).

[2] Levy J. Possible basis for the evolution of lateral specialization of the human brain. Nature. 1969 Nov 8;224(5219).

[3] Gibson JB. Letter: Intelligence and handedness. Nature. 1973 Jun 22; 243(5408).

[4] Roberts LD. Letter. Intelligence and Handedness. Nature. 1974 Nov 08252,.

[5] Annett M, Kilshaw D. Mathematical ability and lateral asymmetry. Cortex. 1982 Dec;18(4).

[6] Benbow CP. Physiological correlates of extreme intellectual precocity. Neuropsychologia. 1986; 24(5).

[7] Camilla Persson Benbow. Sex differences in mathematical reasoning ability in intellectually talented preadolescents: Their nature, effects, and possible causes. Behavioral and Brain Sciences. 1988; 11

[8] Peters M. Sex, handedness, mathematical ability, and biological causation. Can J Psychol. 1991 Sep;45(3).

[9] Piro J. Handedness and intelligence: patterns of hand preference in gifted and nongifted children. Developmental Neuropsychology. 1998; 14(4).

[10] Satz , P. , Orsini , D.L. , Saslow , E. , & Henry , R. The pathological left-handedness syndrome. Brain & Cognition. 1985;4.

[11] Crow, T.J., Crow, L.R., Done, D.J., & Leask, S. Relative hand skill predicts academic ability: Global defi cits at the point of hemispheric indecision. Neuropsychologia. 1998; 36.

[12] Peters, M., Reimers, S., & Manning, J.T. Hand preference for writing and associations with selected demographic and behavioural variables in 255,100 subjects: The BBC internet study. Brain & Cognition. 2006; 62.

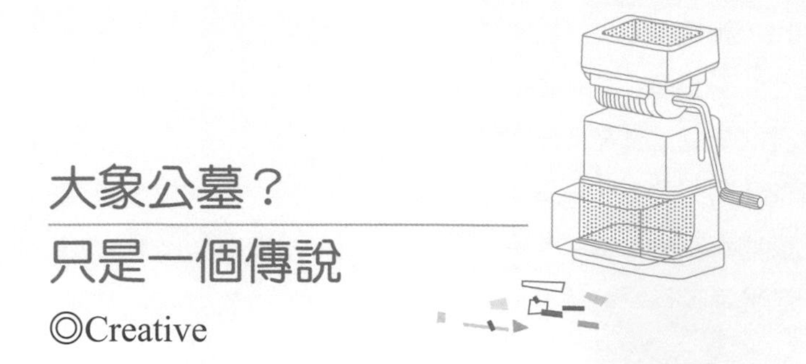

大象公墓？只是一個傳說

◎Creative

Q

當大象感到自己時日不多時，會在本能的指引下脫離群體，來到一個神祕的地方，孤獨地等待死亡的降臨。這個地點既神聖又神秘，只有大象能找到而人類卻遍尋不著——這就是大象的墳墓，在那裏埋藏著千百年來的大象骸骨。[1]

還有許多相關的離奇傳説，大多是貪婪的盜獵者企圖找到公墓大撈一筆象牙財，或者探險家無意中發現公墓，後來受到神靈的懲罰而失蹤或死亡……

以上那些故事基本上都來自於「未解之謎」一類的書刊中。實際的情況是，人們確實多次發現大群的大象屍骨，但這不是大象自發聚集的群體墓地，至於那個引導大象尋找公墓的神秘力量就更荒謬了。如果大象真有這樣的行為，在可以使用跟蹤設備來研究動物行蹤的今天，科學家不可能還會沒有收穫。那這些成堆的骨骸是從哪裡來的呢？[2][3][5]

自然死亡

作為陸地上最大的動物，大象需要攝取大量能量，來撐起巨大的身軀並使之正常運作，但牠們天生又運行著一套效率低下的消化系統，吃下去的食品中60%的營養都只是在腸胃打了個轉就被排出了體外。於是乎，大象一天中的大多數時間都是在吃東西，一頭成年大象每天要吃掉30到60公斤的植物，因此牠們特別容易受到食物短缺的影響。一旦食物匱乏，牠們會退到永久水源附近，然後饑餓的大象會因營養不良導致低血糖，繼而誘發酮症（酮症表現為嗜睡），並開始困倦、昏迷，不再有力量離開水源探尋新路。終於有一天，牠們站不起來了，便靜靜地離開這個世界。這就使得水源附近很容易成為大象屍骨聚集的地方。

對於大象骨骸總是在水源附近被發現，還有另一種解釋：當大象年老以後，第六輪臼齒脫落了，無力再咀嚼草木，只能吞咽柔軟的水生植物，最終在水邊自然死亡。[4]

不僅食品和水的短缺可能造成大象群體死亡，其他自然災害，例如洪水也是可能的原因。就在2011年的早些時候，斯里蘭卡的一系列洪水就造成了至少50頭野生大象與其他許多野生動物死亡。[6]

被偷獵者屠殺

有過這樣的案例：成群的大象屍骨被發現，而上面所有象牙都不見了。

這種情況很有可能是，偷獵者們把大群大象驅趕到一起，然後集體射殺；或者在某一地點投毒，使得許多隻大象死在一起，這樣可以輕易取得大量象牙。當然，有些年代久遠無法查證的例子中，也不排除是成群自然死亡的大象，被過路的人發現後撿走了象牙。而直到有一天，成堆的骨骸被發現，人們臆想出一個神奇的故事，所謂世上有「大象墳墓」的傳說就這樣流傳開來。

謠言粉碎。

大量大象遺骨聚集可能是由於自然原因導致的，也可能是盜獵行為造成的，但不存在什麼神聖的公墓。「大象公墓」只是一個傳說。

參考資料

[1] 百度百科：大象墓地。

[2] Wikipedia: Elephant’s graveyard.

[3] THE ELEPHANT DEBATE by Daphne Sheldrick D.B.E.: 1992 UNEP Global 500 Laureate.

[4] Sandiego zoo: Elephant.

[5] Elephant Graveyard.

[6] 50 elephants die in floods.

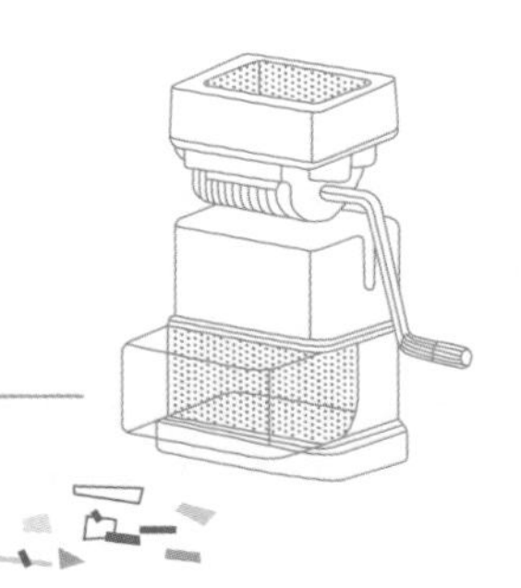

血型能決定性格？

◎籬汲

星座血型和性格有著密切關係。哪對情侶血型不合可能會吵架、誰與誰星座很般配可以撮合看看等八卦，是每天茶餘飯後不可或缺的話題。

根據一本在日本非常暢銷的書中的描述[1]：O型人熱愛生活，重視力量；A型人重視外界反映，是完美主義者；B型人我行我素，興趣廣泛；AB型人一心二用，自由奔放。如果真的用書上寫的不同血型對應不同性格的關係拿來和身邊的同事對照，有的人可能會驚呼「太準了！」也有的人會抱怨「一點兒也不準。」到底是準還是不準，也許科學家能幫助你回答這個問題。

ABO系統

儘管血型和星座往往出現在報刊雜誌的同一版面，不過相比之下，血型性格論看起來更科學一些。即使是將星座運勢之類的文章視為偽科學的人，也可能認同血型對性格存在影響，而血型與醫學領域的密切關係可能進一步加深了這種印象。

血型是對血液分類的方法[2]，分類的依據是看紅細胞表面是否存在某些可以遺傳的物質。簡單來說，血型就是根據紅細胞表面的物質對不同人的血液分類的方法，而紅細胞表面的這種標記物質對每個人來說通常是由基因決定，與生俱來，終生不變。自1900年奧地利科學家卡爾．蘭斯泰納（Karl Landsteiner）在位於維也納的實驗室裡首次發現ABO血型以來，科學家們至今已發現了包括Rh血型、Lewis血型等在內的多達數百種血型系統（即不同的血液分類方法）。這些血型系統中，最廣為人知的自然是ABO血型系統。通常人們談論的與性格有關的就是這個ABO血型系統。

始作俑者

最早提出ABO血型與性格有關係的是日本人古川竹二[3]。他在1927年提出「人因血型不同，而具有各自不同的氣質；同一血型，具有共同的氣質」的假說。時值兩次世界大戰之間，1895年甲午戰爭失利後，晚清政府以一紙《馬關條約》將臺灣割讓給日本已逾30餘年。古川提出的假說其實是在為日本在臺灣的殖民統治鋪路。

依據古川的理論[4]，臺灣人群中O型血的比例高達41.2%，遠高於日本人群，而O型血的人「膽大、好勝、喜歡指揮別人、自信、意志堅強、積極進取」，因而O型血的人更具攻擊性。相比之下，生活於日本東北部的少數民族阿依努族人中O型血的比例只有23.8%，而阿依努族比臺灣人更為溫和且順從。古川以此來解釋為什麼臺灣人會持續不斷地反抗日本人的統治。據此他還向當局建議促進臺灣人之間的近親婚姻，以減少臺灣人中O型血的比例。

從古川的提議就可看出他的理論是多麼荒謬。這些光怪陸離的研究在法西斯統治下的國家裡並不鮮見[5]，納粹德國的科學家曾對不同人種的血型做過調查，發現不同人種的血型分佈存在差異，並據此得出「日爾曼人種的血液更加高貴」的荒誕結論。妄圖用血型證明種族優越性的實驗在第二次世界大戰之後終告一段落，血型與性格的關係開始以一個純粹的科學課題進入科學家的視線。

科學研究

然而，要搞清楚血型和性格的關係並非那麼容易。不同的血型可以通過抽血化驗輕易區分，不同的性格又要如何區分呢？

性格是指人的一貫的和穩定的心理特徵、思維和行為方式。要用科學的方式量化這些頗為主觀的特徵並不容易，科學家們最常用的是各種調查問卷，通過問卷結果來分析受試者的性格。這些問卷由專業的心理學或精神病學專家製作，並經過反復的校準、修訂，可以比較客觀地反映受試者的人格特徵。常用的問卷有明尼蘇達多項人格測驗（MMPI）、艾森克人格測驗（EPQ）、卡特爾16種人格因素問卷（16PF）、矢田部──吉爾福德（Y-G）性格測驗等等。

這些測試的結果通常將人的性格分為不同的角度加以分析，受試者在某一角度上所得到的高分或低分的評價，分別代表完全相反的性格特徵。例如16PF測驗將人的性格分為16個角度（即所謂「維度」），在其中一個「N：世故性」維度上得分低者較為坦白、直率、天真，而得分高者則十分精明、能幹、非常世故；而在「H：敢為性」維度上得分低的人畏怯退縮，缺乏自信，獲高分者則冒險敢為，少有顧忌。通過對受試者在這些「維度」上的表現逐一分析，研究者大致可以勾勒出他們性格的全貌。

雖然人格測驗對受試者的性格評估準確而可靠，但是科學家們通過人格測驗研究血型和性格的關係，經常能得到不同的結論。1964年，科學家[6]為義大利羅馬、佛羅倫斯、巴勒摩以及美國波士頓等四個城市共計581個11~18歲的義大利裔青少年進行16PF高中生測驗，據此分析在這些人群中血型與性格的關係。結果發現，不同血型的青少年在16PF測驗的各個維度上表現基本相同，但是在「I：敏感性」維度上，A型血的青少年能得到更高的分數。結論即是，A型血的青少年比B型、O型或AB型的青少年更加敏感，感情用事，更加富有同情心。此後的另一些依據16PF的研究[7]表明，A型比B型和O型更自我放任，而且A型比O型焦慮度要高。而B型的情緒較不穩定，憂慮感更強，並且更容易緊張，換句話說，B型血的人更加情緒化。

另一些基於艾森克人格測試（EPQ）的研究則得出了前後不一致的結論。根據EPQ的設計者之一，艾森克本人的研究[8]，在性格內向的人當中AB型的比例更高，同時A型的情緒比B型更加穩定。而此後萊斯特（David Lester）比較了17個國家殺人和自殺的比率，以及不同國家人的性格差別與血型的關係[9]，發現血型與性格內向或外向並沒有顯著的聯繫，同時萊斯特也指出焦慮傾向高和自殺者比率高的國家同時具有O型的比率低、AB型的比率高的傾向。

20世紀80、90年代以來，有關血型與性格的研究更多採用了五因素模型（FFM）。[10]FFM將以往的人格測試的基本結構歸納為「經驗開放性 」（Openness to experience）、「盡責性」（Conscientiousness）、「外向性」（Extraversion）、「親和性」（Agreeableness）、「情緒不穩定性」（Neuroticism）五個人格特質，這五個特質基本上可以涵蓋人格特點的所有方面。一些基於FFM的研究表明[11][12]，血型與人的性格沒有相關性。瑪麗．羅傑斯（Mary Rogers）等人還通過對180對男女的研究[12]，檢驗了O型更加外向和樂觀、A型較合群、AB型自覺性較高等觀點，還特別驗證了過去基於16PF和EPQ的研究所得出的B型較為情緒化、情緒不穩定的觀點。結果發現，這些觀點全都是站不住腳的，根據他的研究，不同血型的人格特質沒有顯著區別。

這些基於調查問卷的性格研究都面臨著類似的問題。所有的人格問卷都是根據相應的心理學理論發展而來。而近半個世紀以來，心理學的理論不斷發展、變化，即使是16PF、EPQ等已經使用了多年、相當成熟的問卷也經常會受到新的理論的衝擊，不斷面臨各種質疑[2]。

此外，問卷的準確性往往受到受試者的情緒、智力、警戒性或文化程度的影響，而將同一種問卷翻譯成不同的文字時，也可能因為文化的差異造成受試者理解上的偏差。儘管在研究性格的時候，問卷的準確性和可靠性都很高，但是僅憑單一的調查問卷，仍然只能獲得較片面的資訊[13]。這也可能是這些基於問卷的血型與性格關係的研究往往得出不同結論的原因。

另一種研究方式是通過分析不同血型罹患精神與心理疾病的概率來推測血型與性格的關係。雖然某些性格特質[14]確實和一些精神障礙的發病有密切的聯繫，但通過研究精神疾患與血型關係來推測性格與血型的關係的方法過於間接，如同隔靴搔癢，不得要領。

好在精神疾患的診斷標準較為明確，不同人的研究結果總不至於有太大的差別。在這一方面，相比ABO血型，其他少用的血型倒更有可能與性格存在關聯。艾斯坦（R. C. Elston）等人在研究同卵雙胞胎的精神分裂症發病率時發現Rh血型和Gm血型可能和精神分裂症的發病有關[15]。而針對ABO血型的一項研究則表明，O型較其他血型更容易罹患更年期抑鬱症[16]。這些研究結果雖不能直接說明血型和性格存在聯繫，但它們提示了血型對人的人格特徵可能確實存在影響。

A

謠言粉碎。

儘管科學家們對血型和性格的關係各持不同的觀點，但是有一點共識：性格的形成過程中，會受到多種因素的共同作用，包括先天因素、家庭成長環境、工作以及個人際遇等因素都會對性格造成影響。即便是基因完全相同的同卵雙胞胎的大五[17]測試結果，在五個不同的人格特質方面，也只有約50%的相似性。據此推測，遺傳因素對性格的影響只有五成左右，另一半影響可能取決於後天因素。單單是遺傳的因素也非常的複雜，血型基因只是人類數萬個基因中的一個而已，即使血型對性格存在什麼相關性，關聯的程度最多也不會超過五成。

儘管ABO血型發現至今已逾110年，血型仍然在人們面前保持著神秘性。科學家證實，ABO血型和多種疾病存在關聯[18]，但是對血型和性格的關係仍不很清楚。一些研究認為二者毫無關係，另一些則認為血型在某種程度上影響了人的性格和行為方式。不同研究者的結論常常互相矛盾，但是沒有任何證據支持古川竹二提出的「同一血型，具有共同的氣質」的主張。因此，把血型作為日常八卦的話題或許不錯，要是當真就不必了。世上沒有兩片完全相同的樹葉，每個人都具有獨一無二的性格，何必非要套用到某種範本上去呢？

參|考|資|料

[1] 能見正比古，血型與性格，廣西科學技術出版社，2009。

[2] Wikipedia：血型

[3] 張仁偉、孔克勤，血型與性格關係研究的回顧與思考。心理科學，2002，25(6)。

[4] Becker, Peter (Ed.); Yoji Nakatani (2006). "The Birth of Criminology in Modern Japan". Criminals and Their Scientists: The History of Criminology in International Perspective (Publications of the German Historical Institute). Cambridge University Press.

[5] Associated Press (2005-05-06)."Myth about Japan blood types under attack". AOL Health.

[6] R. B. CATTELL, et al. Blood Groups and Personality Traits. AMERICAN JOURNAL OF HUMAAN GENETICS, VOL. 16, No. 4 (DECEMBER), 1984.

[7] V. V. Jogawar, Personality correlates of human blood groups. Personality and Individual Differences, Volume 4, Issue 2, 1983.

[8] Eysenck, Hans J. National differences in personality as related to ABO blood group polymorphism. Psychological Reports, Vol 41(3, Pt 2), Dec 1977.

[9] David Lester, National distribution of blood groups, personal violence (suicide and homicide), and national character. Personality and Individual Differences Volume 8, Issue 4, 1987.

[10] Wikipedia：五大性格特質

[11] Kenneth M. Cramer and Eiko Imaike, Personality, blood type, and the fi ve-factor model. Personality and Individual Differences Volume 32, Issue 4, March 2002, Pages.

[12] Mary Rogers and A. Ian Glendon, Blood type and personality. Personality and Individual Differences, Volume 34, Issue 7, May 2003, Pages.

[13] Psychological testing and psychological assessment: A review of evidence and issues. Meyer, Gregory J.; Finn, Stephen E.; Eyde, Lorraine D.; Kay, Gary G.; Moreland, Kevin L.; Dies, Robert R.; Eisman, Elena J.; Kubiszyn, Tom W.; Read, Geoffrey M. American Psychologist, Vol 56(2), Feb 2001.

[14] Jerome C. Wakefield, The Concept of Mental Disorder On the Boundary Between Biological Facts and Social Values. American Psychologist, March 1992. Vol. 47, No. 3.

[15] R. C. Elston, Possible linkage relationships between certain blood groups and schizophrenia or other psychoses. Behavior Genetics. Volume 3, Number 2.

[16] Donald G. Irvine and Hero Miyashita, Blood Types in Relation to Depressions and Schizophrenia: A Preliminary Report. Can Med Assoc J.1965 March 13;92(11).

[17] Bouchard & McGue, 2003."Genetic and environmental influences on human psychological differences." Journal of Neurobiology, 54, 4~45. doi:10.1002/neu.10160.

[18] Barnet Woolf, On estimating the relation between blood group and disease. Evolution of Epidemiologic Ideas.

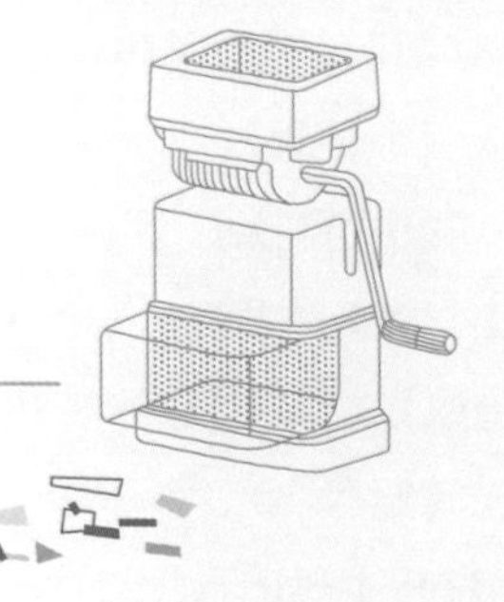

魚只有七秒記憶嗎？

◎擬南芥

Q

在網路上，有一段流傳很廣的話：「魚的記憶只有七秒，七秒之後牠就不會記得曾經的事情了，所有一切又都會變成嶄新的開始。所以，在那一方小小的魚缸裡面，牠永遠不會覺得無聊。」

假如單純地把這段話當作童話來看並沒有什麼問題，不過，也有很多人把牠當成了科學事實。在很多問答網站上，都有人詢問這段話是否科學。[1][2]

事實上，如果把「魚的記憶有七秒」當成一個科學的結論，就會產生很多疑問。記憶能力可以計算到秒這麼精確嗎？如果魚的平均記憶有七秒，那麼一些比較笨的魚的記憶豈不是更短？當這些「笨」魚咬了一口食物以後，會不會瞬間忘記嘴裡含著的東西是什麼？幸運的是，魚類作為脊椎動物中較早出現的物種，有著相當獨特的進化地位，所以有很多科學研究是關於魚類記憶的。雖然作為實驗材料的魚種類並不相同，實驗方法和具體的目的也不一樣，不過幾乎所有關於魚類記憶的研究都表明，魚的記憶遠不止七秒。

實驗證據看這裡！

早在20世紀60年代，當化學開始介入神經生物學的時候，就已經有人研究金魚的記憶能力了。1965年，美國密西根大學的研究人員用金魚做了一個實驗。他們把金魚放在一個很長的魚缸裡，然後在魚缸的一端射出一道亮光，20秒後，再在魚缸射出亮光的一端釋放電擊。很快，金魚就對電擊形成了記憶，每當牠們看到光，不等電擊釋放到水裡就會迅速遊到魚缸的另一頭，以躲避電擊。設計實驗的科學家們發現，只要進行合理訓練，這些金魚可以在長達一個月的時間裡一直記住躲避電擊的技巧。[3]除了金魚，另一種有名的觀賞魚——蓋斑鬥魚也有很強的記憶能力。當這種魚在水池中遇到陌生的金魚時，會好奇地游來遊去，打量著新來的鄰居，直到失去興趣為止。如果蓋斑鬥魚和金魚第二次在水箱中相遇的話，牠們會很快發現對方是老熟人而失去探索的興趣。實驗發現，這樣的記憶力至少可以保持三個月的時間。[4]

很快，科學家發現生物學研究上的模式生物——斑馬魚也是一種相當聰明的動物，能完成各種各樣的任務。2002年，美國俄亥俄州的托雷多大學的幾位研究人員測試了斑馬魚的記憶能力。在訓練過程中，他們會在餵食前給斑馬魚一個紅光作為信號，訓練中止十天後，斑馬魚仍然記得紅燈信號表示進食的時間到了[5]。在實驗室裡，斑馬魚還可以很快學會如何走迷宮[6]，根據聲音信號尋找食物[5]，記住捕食者的形狀，以及根據提示躲避電擊。有趣的是，斑馬魚和人類的記憶特點有相似之處。對於這些小魚而言，過大的壓力會讓牠們記不住東西[7]，注意力分散也會降低學習效率[8]。斑馬魚的記憶能力也會隨著衰老而逐漸減退。

長期記憶也不是不可能

那麼，魚類會不會有更加強大的記憶能力，例如把一件事記上好幾年呢？相關的學術研究非常有限，這是因為很多種類的魚根本活不了那麼長的時間，而且數年的時間對於一個急著發表論文的研究生來說，也確實太長了。不過還是有一些並不正式的觀察結果顯示，某些魚類確實可能有長時間的記憶。伊利諾大學香檳分校心理系的教授艾力克森（Charles W. Eriksen）曾經注意到，他的鄰居在餵魚前總是會搖晃裝魚食的罐子，而池塘中的魚在聽到魚食在罐中晃動的聲音以後，也會從四面八方聚攏，準備進食。受到這個現象的啟發，艾力克森決定做一個相當簡單的實驗。

艾力克森在自家的魚池裡養了一些鯰魚，每次要餵魚的時候，他都要大喊幾聲「魚！魚！」。經過了幾個月的訓練，每當艾力克森喊話的時候，總會有19條鯰魚游到他的身邊。第二年夏天，艾力克森又重複了一遍這個過程，這一次，一共有16條魚聽從他的口令。當艾力克森再次回到魚池，已經過去了五年的時間。不過他決定要測試一下，自己養的鯰魚還有沒有保存著之前的記憶。於是，他站在池塘旁邊喊了幾聲「魚！魚！」。讓他吃驚的是，自己還沒把魚食投到水裡前，就已經有九條魚游過來。第二天，聽他召喚的鯰魚增加到了13條。艾力克森在寫給同行的信中描述了這個實驗，作為魚類記憶能力的參考[9]。

加拿大英屬哥倫比亞大學的魚類學家皮徹（Tony J. Pitcher）也曾經在《魚類認知和行為》（Fish Cognition and Behavior）一書中描述過一個實驗。在他的實驗室中，金魚飼養池裡被置入了兩種不同顏色的管子。只有當金魚選擇了正確的顏色，才能獲得食物。訓練了一段時間以後，帶有顏色的管子被取出。過了一年，當研究人員再一次把管子放入池中，金魚立刻選擇了帶有可以取得食物顏色的管子[9]。艾力克森的觀察和皮徹的實驗說明，魚類很可能有長達一年乃至數年的記憶。考慮到大部分魚類的壽命也只有幾年時間，牠們的記憶還是相當持久的。此外，還有一些研究表明，著名的洄游魚類——鮭魚之所以能夠在成年以後返回自己的出生地，是因為牠們對自己幼年的生活環境的氣味形成了記憶。[10]

魚為什麼有記憶？

這個問題很複雜，很多研究也只是初步揭示了某些可能的原因。如果給幼年的斑馬魚聞苯乙醇（Phenethyl alcohol）的芳香氣味，這些斑馬魚直到成年都能記住這種味道。研究顯示，暴露在苯乙醇之下的幼年斑馬魚的嗅上皮（olfactory epithelium）細胞中，有一個叫作「otx2」的基因表達量明顯增加了。而且，這個基因即使在斑馬魚發育到成年以後，仍然保持在很高的水準。有意思的是，如果讓幼年斑馬魚暴露在其他氣味面前，otx2基因並不會持續地提高表達量，這說明otx2很可能是讓斑馬魚記住苯乙醇的特殊氣味的分子。[11]

A

謠言粉碎。

在世界上的其他國家，魚只有七秒（或者三秒）記憶的說法也流傳甚廣。根據悉尼大學的沃德（Ashley Ward）的考證，這種說法來自一則廣告。但是也許是歷史過於久遠的原因，正確的來源已經很難找到了。沃德還認為，早期的動物學家在測試魚類記憶能力的時候，採用了過於複雜的方法。這些適合對人類進行智力測試的任務對魚類來說顯然太困難了，所以實驗的魚類留下了比較糟糕的記錄，這可能也是這則流言產生的原因之一[12]。總之，所有關於魚類記憶的研究都表明，魚的記憶遠不止七秒。「魚的記憶只有七秒，永遠不會覺得無聊」的說法儘管美麗，卻只是一個傳說。

參|考|資|料

[1] 百度知道：魚的記憶只有七秒嗎？

[2] SOSO問問：魚的記憶只有7秒嗎？

[3] Agranoff B.W, Davis R.E, Brink JJ. Chemical studies on memory fixation in goldfish. Brain Res. 1966 Mar-Apr;1(3).

[4] Csányi V , Csizmadia G , Mïklosi A. Long-term memory and recognition of another species in the paradise fish. Animal Behavior. 1989 June; 37(6).

[5] (1, 2) Williams FE, White D, Messer WS. A simple spatial alternation task for assessing memory function in zebrafish. Behav Processes. 2002 Jun 28;58(3).

[6] Sison M, Gerlai R. Associative learning in zebrafish (Danio rerio) in the plus maze. Behave Brain Res. 2010 Feb 11;207(1).

[7] Yu L, Tucci V, Kishi S, Zhdanova IV. Cognitive aging in zebrafi sh. PLoS One. 2006 Dec 20;1:e14.

[8] Gaikwad S, Stewart A, Hart P, Wong K, Piet V, Cachat J, Kalueff AV. Acute stress disrupts performance of zebrafish in the cued and spatial memory tests: the utility of fish models to study stress-memory interplay. Behavior Processes. 2011 Jun;87(2).

[9] (1, 2) Stéphan G. Reeb. Long-term memory in fishes. 2008.

[10] Whitloc, K. E. Olfactory Imprinting and Environmentally Induced Gene Expression: Is it possible to manage salmon populations through environmental manipulations?

[11] Harden MV, Newton LA, Lloyd RC, Whitlock KE. Olfactory imprinting is correlated with changes in gene expression in the olfactory epithelia of the zebrafi sh. J Neurobiol. 2006 Nov;66(13).

[12] The Memory Theory in Fish.

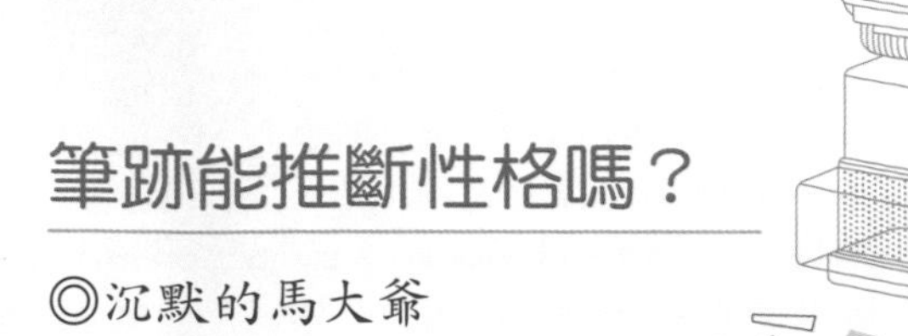

筆跡能推斷性格嗎？

◎沉默的馬大爺

從一個人的筆跡可以推斷這個人的個性。圓滑的字體代表此人溫和親切，順從但不善於堅持自我，適應性強也不容易樹敵；大字代表直爽明朗、充滿自信與外向的性格，自我意識較強；字跡工整代表注意力集中，較能控制住自己的情緒，不常被情緒左右。

從一個人的書寫筆跡可以推測他的性格特點，這種思想其實具有非常悠久的歷史。西漢文學家揚雄曾說過：「言，心聲也；書，心畫也。聲畫形，君子小人見矣」，認為一個人的字跡可以體現出他的道德品性[2]。在西方，使用筆跡推斷性格的技術則被稱為筆跡學（graphology），可以追溯到亞里斯多德。經過多年發展，筆跡分析在西方已形成一套完整的產業，不僅有許多專門的筆跡分析公司、培訓課程，一些企業甚至還將其應用到人事選拔工作中[3]。近年來國內也出現了一些所謂的「筆跡心靈學」。據稱，筆跡分析具有非常高的準確性，不僅可以評估性格，還可以幫你尋找合適的物件，為各種重大的生活決策提供參考。推測的基礎從形式上看，筆跡學和星座、血型類似，都試圖通過一些直接可見的、易於辨別的指標來推測難以把握的內在性格。

這樣的預測體系如果有效，那麼它的前提是確實存在一種強有力的機制，能夠將性格與指標聯繫起來。然而，無論是星座、血型還是筆跡學，對於背後的機制都沒有給出一套令人信服的解釋。書寫屬於一種後天習得的技能，涉及手部肌肉的複雜精細運動，並受到神經系統的調控。性格在一定程度上也可以還原為神經系統的活動模式，從這個意義上說，二者也許存在一定程度的關聯。但是這種關聯太過空泛，加之還有許多其他因素會影響到一個人的性格或書寫方式，僅憑這樣微妙的關係不足以支撐起一套有實際價值的預測系統。從各種筆跡分析體系來看，許多分析規則其實是基於一種樸素的聯想[4][5]，例如字跡的「圓滑」代表性格的「圓滑」，筆劃的「果斷」代表性格的「果斷」等。這種語義聯繫更像是一種隱喻，很難想像有什麼現實基礎。

科學檢驗

雖然筆跡學沒有什麼科學根據，但是作為一種性格預測體系，其有效性還是可以通過科學方法來評估的。在心理學歷史上有不少研究者曾對這個問題產生興趣，特別是在20世紀70、80年代，湧現出了許多驗證性研究。常見的研究方法是找一些被試者提供書寫文字，並完成性格測驗，然後把書寫材料交給筆跡分析師做性格分析，再與被試自己的性格測驗結果做比對。為了控制書寫內容的影響，一般會要求被試者書寫中性的內容（如說明性文字）。很遺憾，在這些嚴格控制的檢驗中，筆跡分析師的預測一般不會比純粹的猜測強多少。1992年，心理學家迪恩（Geoffrey A. Dean）對於200多項關於筆跡和性格研究進行了元分析（meta-analysis），發現筆跡分析和性格的相關係數僅為0.12，也就是說筆跡學準確預測性格的比例不到2%。[6]如此微弱的效應不具有任何實際應用的價值。另外，不同分析師之間的一致率也比較低，相關係數僅為0.42，而非專業人士的判斷一致率也能達到0.3，說明筆跡分析缺乏一套成形的標準，這進一步限制了其有效性。英國心理學會（British Psychological Society）也認為筆跡學在人事選拔中的有效性為零，與星座並列。[7]

為什麼信？

既然筆跡分析如此不準確，為什麼許多人還願意相信呢？可能有以下幾點理由：首先，筆跡學的樸素思路迎合了大眾的思維模式。性格本身是看不見、摸不著的，但筆跡學將抽象的性格特徵和具體的筆跡特點聯繫起來，通過語義聯想建立起直觀的對應關係，這套系統平易近人，能夠滿足一般人認識自我和他人的需求。其次，現實中，筆跡分析師經常會利用許多筆跡之外的線索來做出推斷，所以聽上去好像有些道理。例如一些分析者會基於歷史人物或當代名人的手跡分析他們的性格，講得頭頭是道，但這種分析其實是先瞭解了目標的性格特點，再把筆跡特徵套上去。另外書寫的內容也會提供線索，例如一段非常哀怨的文字的書寫者更有可能性格憂鬱，這樣的推論和筆跡線索也沒有什麼關係。

如上文所述，在嚴格的科學檢驗下，分析師的準確率就和純粹的猜測差不多了。最後就是著名的「巴納姆效應」（Barnum effect），也稱為「福勒效應」（Forer effect）[8]。1948年，心理學家福勒通過實驗證明，人們傾向於認為一些空泛的、籠統的描述特別符合自己，即使這些描述是隨機選取的。

謠言粉碎。

星座、筆跡學之類的偽科學都利用了這種認知偏差，它們給出的預測推論都是大而化之、廣泛適用的，巴納姆效應使得我們很容易接受這樣的陳述，認為其有些道理。

參|考|資|料

[1] 從筆跡看性格。

[2] 百度百科：書為心畫。

[3] Wikipedia: Graphology.

[4] King, R. N., & Koehler, D. J. (2000). Illusory correlations in graphological inference. Journal of Experimental Psychology: Applied, 6.

[5] How graphology Fools People.（關於筆跡學的詳細分析，推薦閱讀！）

[6] Dean, G. A. (1992). The bottom line: Effect size. In Beyerstein, Barry L. (Ed).The write stuff: Evaluations of graphology, the study of handwriting analysis. Amherst, NY, US: Prometheus Books.

[7] British Psychological Society. (2002). The Validity of Graphology in Personnel .

[8] Wikipedia: Forer effect.

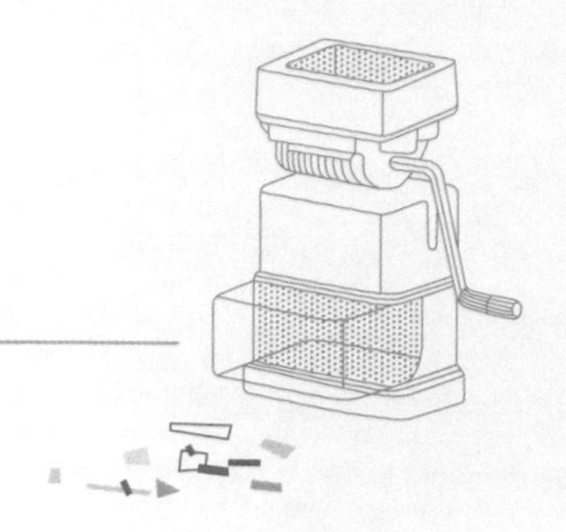

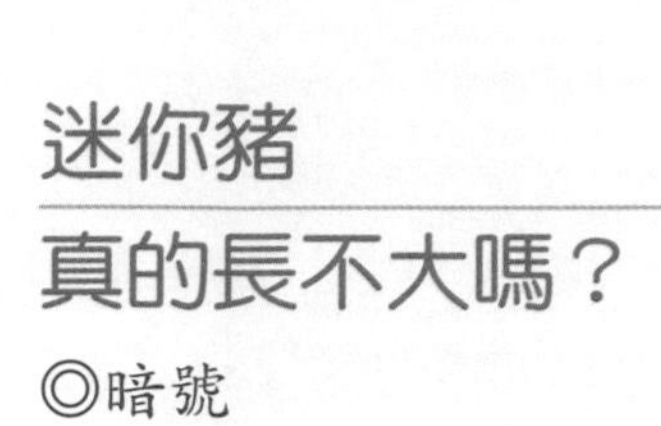

迷你豬
真的長不大嗎？

◎暗號

Q

「迷你豬」、「袖珍豬」、「茶杯豬」是長不大的，可以像小貓、小狗一樣養在家裡一輩子。

豬的外表憨厚可喜，因此一直有少數人把豬作為寵物來養。可是，豬的體格實在太大了，養起來會受到許多限制——家裡多了一張超級大口不說，僅占的地方房價都能上百萬——於是「迷你豬」（Miniature pigs）這個概念就應運而生了。

迷你豬究竟是什麼豬？

「迷你豬」的選育起於二戰後的美、日等國，牠們起初被用作實驗動物。在常見的哺乳動物中，豬的組織器官構造、生理特性是最接近於人體的，而且用猴、犬等動物做實驗太容易引起爭議，豬似乎能成為更理想的實驗動物。於是半個世紀以來，科學家通過育種手段培育出品質均勻、遺傳穩定的實驗用小型豬種（Experiment Miniature Pigs，EMP），小巧的體型使牠們便於飼養繁殖和實驗操作，例如皮特曼－摩爾豬，霍梅樂豬，戈廷根豬等。中國也利用本地的香豬、五指山豬、滇南小耳豬等小型豬種培育了適合實驗用的品系。這些本地小型豬依然可以作為優秀的肉用豬，並佔有一定的肉品市場。而將迷你豬作為寵物的歷史則短得多。例如在美國，越南大肚豬（Vietnamese potbelly pigs）於1988年被引入美國動物園，很快變為售價高昂的寵物[1]，是國外飼養最普遍的寵物豬。在中國，尚未成熟的寵物豬市場上販賣的所謂「迷你小香豬」中，最普遍的是巴馬香豬，原生地在廣西巴馬瑤族自治區。所謂的引進豬種則魚龍混雜，名不副實。例如宣傳中的「日本香豬」、「泰國香豬」其實都是商家玩的噱頭，因為香豬這個稱呼是中國獨有的，牠們可能只是國產香豬或是大肚豬而已。

「迷你豬」真的長不大嗎？

那麼迷你豬到底是不是「永遠長不大」，或者牠們能長到多大呢？

由於市場上小型豬的品種較雜，因此牠們的個頭有比較大的波動，但許多小型豬確實能保證一歲時也只有5~10公斤。目前流行一種暱稱「茶杯豬」（teacup pigs）的寵物豬，牠源於英國，是用許多肉豬雜交出的品種，出生的時候僅重約255克，甚至可以塞進茶杯[2]。但是不要以為牠們就像彼得潘一樣不必擔心長大。電影《我不笨，所以我有話說》（Babe，1995）講述了一頭聰明的農場小豬通過努力成為一頭「牧羊豬」的故事，但就是由於豬這種動物長得實在太快，這部電影用了六頭小豬輪流上陣才完成拍攝。即使是生長速度較為緩慢的「迷你豬」，牠們的最終體型也沒有廣告中宣傳的那樣可靠。一隻大肚豬成年後可能長到約45~100公斤不等[3]，而中國的巴馬香豬則能輕易達到35~45公斤[4]。但儘管如此，牠們仍能被稱為迷你豬，因為牠們的體重只是肉用豬重量的十分之一到五分之一而已。可見，所謂「迷你」其實是個相對的概念，只是因為牠們小時候長得非常小，成年後相對於商品豬也小得多——顯然這個稱呼也算不上騙人。但是，一些商家會採取其他手段來進行虛假宣傳。他們拿出迷你豬們的父母的照片，牠們看起來也是那麼嬌小。其實那是因為迷你豬往往在不到一歲時就被拿來產仔。而性成熟並不意味著體成熟，一隻迷你豬停止生長可能還需要三到五年甚至更久。在淘寶網上，一些賣家會宣稱自己的「小香豬七個月就能定型（意即停止長大），體重最重7.5~10公斤左右」——那是絕對不可能的，除非天天餓著牠們。

大了，還能更大嗎？

有不少主人發現他們的迷你豬過了兩、三年就輕輕鬆松長到了150~200公斤，這有可能是品種問題，例如其實是和肉用豬雜交的「偽迷你豬」，也有可能是由於營養過剩和缺乏鍛煉而引起的。在中國，各種「小香豬」後來變成大肥豬的事例也屢見不鮮。由於「茶杯豬」、「袖珍豬」等稱呼並不是嚴謹的動物學名詞，圍繞這一語義陷阱的爭論一直存在。如果搜索一下關於購買寵物豬的資訊就會發現，一邊是商家用粉紅色可愛字體和誇張的感嘆號打出的「個頭才是王道！」（Size is everything!）來吸引買主，一邊是一些寵物愛好者和寵物協會的質疑，甚至直接覺得「根本沒有茶杯豬這回事兒！」（No such thing as teacup pigs!），兩方鬧得不可開交。

童年消逝，何去何從？

大凡動物都是年齡越幼小，萌度越破表。當寵物豬漸漸長大時，牠們便會變得不那麼好看。成年豬能吃能睡，破壞力也較強，曾經發生過無數寵物豬破壞沙發、網線等等先例，以前甚至有圈養豬咬死咬傷人類嬰幼兒的慘案。雖說寵物豬馴化程度較高，但到了「青春期」等時期，脾氣也可能變得比以前差。此時許多主人就會開始考慮牠們的去留。有報導顯示，成千上萬的大肚豬在長大後被主人遺棄或者殺掉，甚至以最低二美元的價格賣出，因為會有人用牠們來訓練格鬥犬[5]。而對於那些體型保持得較好的豬，情況也並不見得會更好，因為體型小巧很可能是營養不良造成的。有的主人怕豬會長大，因而餵過多菜葉等能量較低的東西，使豬的能量和蛋白質攝取過少；而一些不良商家也會勸說買主領回小豬後少餵一點食物。

如果您有興趣養一隻寵物豬，那麼牠的飲食、防疫、娛樂活動都是需要考慮到的，牠和貓狗一樣需要照顧。例如，小豬仔很容易發生腹瀉，牠們的免疫能力也比較差。小豬的體育鍛煉也是不可缺少的，平常可以帶著牠去遛遛彎，也可以在家裡設置一些娛樂設施，例如懸掛磨牙玩具讓牠去咬；當然，親自上陣陪牠做遊戲是最好不過了。目前，也有研究者正在用轉基因技術改造小豬，試圖培育出真正「長不大」的迷你豬，並有一些樣品豬問世。但這種技術還處於試驗階段，成本高，存活率也比較低，走向寵物市場估計還需要漫長的等待。

謠言粉碎。

「長不大的迷你豬」是不存在的，現有的小型豬雖然比肉用豬的體型小得多，但也遠沒有一些虛假廣告所宣傳的那麼小。

參|考|資|料

[1] Palmer J.Holden, M.E.Ensminger，養豬學，中國農業大學出版社，2007。

[2] 茶杯豬起源

[3] Southern California Association Miniature Potbellied ：Weight of Potbelly Pigs.

[4] 商海濤、魏泓，中國小型豬品系資源狀況初淺分析[J]。中國實驗動物學報，2007。

[5] 對「最好的朋友」動物協會的採訪文章："No such thing as teacup pigs."

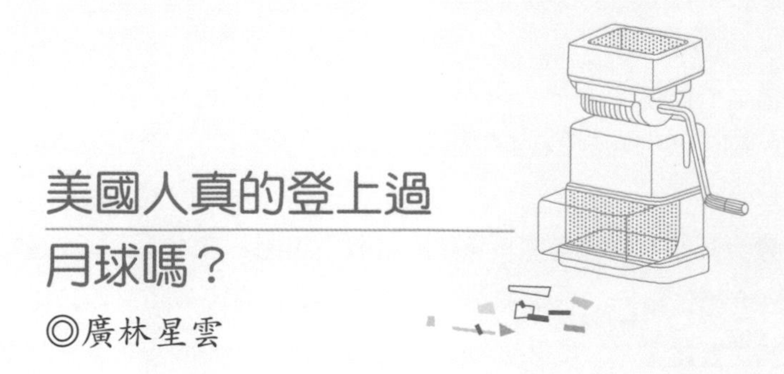

美國人真的登上過月球嗎？

◎廣林星雲

美國阿波羅登月是偽造的，包括1969至1972年間的六次登月都是假的！人類並沒有到達月球！相關視頻是用電影特技在地球上拍攝的，登月的照片也是假的！

上述謠言可謂歷史悠久，20世紀70年代中期就出現了。這麼多年來，陰謀論者不斷「挖掘」、翻新各種材料，擴充著謠言的內容，把這個問題發展成了曠日持久、牽連廣泛、內涵龐大的大爭論。

登月到底有沒有發生，應該用證據來說話。有的人說「登月騙局」是美國為贏得太空競賽一手策劃的，還有人說美國在1969年的科技無法實現登月。類似這樣的言論都是一廂情願地發表某種「觀點」，而不是提出「證據」。作為證據的客觀事實，要經得起推敲和檢驗。還別說，陰謀論者也確實提出了很多所謂的「證據」，然而這些「證據」中的每一條都已經被科學家和專業人士所粉碎。

常見的「登月騙局」證據和駁斥

在維基百科「登月陰謀論」（Moon landing conspiracy theories）詞條下，匯總了近40年來的爭論中，陰謀論者們提出的常見「證據」[1]。

陰謀論1：飄動的美國國旗說明有微風吹過，但是月球上沒有空氣，不可能有風。

反駁：首先，這些旗幟採用了「Γ」形的支架，因此總是處於展開狀態。而旗幟表面的起伏並非是被風吹出來的，而是旗幟被移動時的慣性所致。由於月球上缺少空氣阻力，慣性產生的起伏運動會持續很久，產生「風吹飄動」的錯覺[2]。美國科普電視節目《流言終結者》在〈登月疑雲〉這集中曾試驗將一面旗幟放入真空環境下，發現旗子也會產生這種類似「風吹」的起伏運動[3]。

陰謀論2：登月照片的背景中看不到星星。

反駁：登月過程中的主要活動都是在月球的「白天」進行的。由於日照和反光強烈，在照清楚相片主題的情況下，是不可能同時照到星星的，因為星星的光線太弱了[4]。在太空中要拍攝星星，需要避開強光，並延長曝光時間。

中國的幾次神舟任務也為我們帶回了太空中真實的場景[5]，這些證據都能證明，在正常拍攝被陽光照亮的物體時，不可能拍攝到星星。

陰謀論3：登月艙降落時吹走了附近的塵土，因此宇航員不可能在登月艙附近踩出腳印。

反駁：「塵土被吹走」的說法並不正確。登月艙降落時確實會激起大量塵土，但與地球上的情況不同：由於月球上沒有空氣，不會形成氣流，因此只有登月艙正下方的塵土會被激起，登月艙周圍的塵土則不會被擾動，因此踩出腳印毫無壓力[6]。

陰謀論4：月球上的塵土中不含水分，無法踩出如此清晰的腳印。

反駁：我們知道，在乾燥的沙子上踩出的腳印很模糊，只有在海邊潮濕的沙地上才有可能踩出上面那種線條分明的腳印，但這只是地球上的情況。月球上的沙粒不像地球沙粒那樣經過風化磨損，而是保留有棱角分明的形狀。這樣的沙粒很容易踩出清晰的腳印，就像滑石粉或者濕的沙子一樣。《流言終結者》也曾驗證了這一點。節目找來了與月球表面沙粒相似的模擬材料，在真空環境下用一隻鞋去踩壓，果然踩出了清晰的鞋印[3]。

陰謀論5：一些照片裡的影子方向不平行，證明有多個光源。

反駁：這個觀點甚至不需要放到月球上去駁斥。遠處單一光源的情況下，只有地面足夠平坦時影子才會平行。如果地面具有丘陵和低谷，起伏不定，當然有可能出現影子方向不一樣的情況[3]。此外，如果真有多個光源，為什麼照片中的每個物體都只有一個影子呢？

從以上分析來看，這些所謂「證據」大多來自人們對月球真空、低重力的環境缺少直觀體驗，照搬地球上的情況而產生的誤解。當然，這些反駁並不能說服那些「堅定」的陰謀論者，他們會說，科學家正是研究了真空和低重力下的特徵，才如此這般佈置這些場景。

正面證明阿波羅登月的證據

那麼，有沒有獨立的協力廠商證據，或客觀存在的「物證」，能證實阿波羅登月確實發生過呢？當然是有的。

證據1：蘇聯無人取樣器與阿波羅11號的太空賽跑。

蘇聯對探月的構想始於1951年，後來在無人探月領域接連取得數次「歷史第一」，然而載人登月計畫卻進展緩慢。隨著N1登月火箭接連發射失敗，蘇聯登月之夢化為泡影。儘管如此，在阿波羅11號飛船即將啟程之時，蘇聯依然想做最後一次努力——將一枚無人自動取樣返回探測器「月球15號」送上月球，試圖搶在美國阿波羅飛船之前取回月球土壤樣本。1969年7月13日，月球15號趕在阿波羅11號三天前發射。16日，阿波羅11號發射升空，而在17日，月球15號已經進入了繞月軌道。但隨後很快，蘇聯探測器就被美國阿波羅11號反超。月球15號在軌道上停留了三天，其間，阿波羅11號於7月20日成功著陸在月球表面。更為不幸的是，7月21日，月球15號在著陸時墜毀，沒能實現預期目標，此時阿姆斯壯和奧爾德林再過兩個小時就要從月球起飛，返回地球。這場角逐被西方航太史學界看作是冷戰期間美蘇「太空競賽」的最高潮。

2009年7月3日，英國焦德雷爾班克天文臺首次公開了對月球15號的跟蹤記錄[7]，其中可以分辨出阿波羅11號宇航員與地面的通話。此外，為了避免兩個月球飛行器發生相撞，蘇聯應美國的要求透露了月球15號的軌道參數[8]。這些都證明四十多年前那場太空中的賽跑實實在在地發生過。

證據2：來自月球的岩石樣本。

阿波羅計畫帶回了382公斤的月岩和土壤。其中有少量作為禮物贈送給其他國家，包括中國。這些岩石樣本自然也是分析美國登月真偽的絕好材料。儘管蘇聯的月球15號取樣器失敗了，但後續的月球16號、20號和24號取得了成功，三台取樣器共取回了326克月壤和岩芯樣本。1970年，蘇聯用月球16號取回的3克樣品與阿波羅11號、12號帶回的各3克樣品進行了交換[9]。同位素分析結果顯示，阿波羅計畫帶回的最古老的月岩形成於45億年以前，比最古老的地球岩石還要早兩億年[10]，並且成分與蘇聯探測器帶回的樣品非常接近[11]。顯然，在冷戰時期，最希望抓到「登月騙局」證據，讓美國人丟臉的正是蘇聯。然而，蘇聯的表現卻是加緊登月步伐、分享軌道參數、交換岩石樣本，並且樣本的分析結果也說明其來自月球，這一切都表明蘇聯並不認為美國登月是一場騙局。

證據3：月球表面放置的反光鏡。

如果以上兩則證據還不足以說明問題，那麼還有阿波羅11號、14號和15號在月面上安放的三台鐳射反射鏡。世界各地的天文臺都一直使用這些反射鏡測量地月距離，精確度達到釐米級別。阿帕奇點天文臺鐳射測距儀（APOLLO）對月面反射鏡進行了多次實驗，當鐳射對準反射鏡所在位置發射時，有相當一部分光子會集中在同一瞬間返回，而對月面其他位置發射鐳射則不會出現這樣的現象。這表明，在月面上述位置確實存在著人造的反射鏡面[12]。

證據4：來自多個國家探測器的照片。

近年來，隨著美國、中國、日本、印度等國的月球探測器升空，又有相當多的新證據被發現。最強有力的一條來自於美國「月球偵察軌道器」（LRO）拍下的照片。該探測器由NASA發射升空，但照相機的設計以及照片的拍攝和判讀工作一直是由亞利桑那州立大學的科學團隊獨立進行。迄今為止LRO已經數次拍攝了阿波羅各個登月點附近的照片，能清晰地看到登月艙下降級，放置在月面的儀器以及宇航員和月球車留下的痕跡等。

除了阿波羅11號，各個登月艙附近都能看到國旗投下的影子，這也與事實相符，因為阿波羅11號的任務錄影顯示，國旗在登月艙上升級起飛時被弄倒了。作為對照，LRO也拍下了蘇聯多個取樣器的下降級，並找到了失蹤已久的蘇聯自動月球車「月行者一號」和傾倒在月面上的「月球23號」取樣器，解開了塵封多年的歷史謎團。

除此之外，中國的「嫦娥二號」也拍攝到了阿波羅17號著陸點的痕跡。儘管照片解析度不及LRO，但依然可以分辨出三個圖元大小的登月艙下降級，以及著陸點附近的眾多地貌特徵[13]。日本通過處理「輝夜姬」探測器的照片得到了阿波羅15號著陸點附近的地形分佈特徵，這與阿波羅15號實拍照片基本一致。另外，印度的「月船一號」也拍下了阿波羅15號著陸點附近被月球車攪動過的土壤印跡[14]。

雖然羅列了這麼多事實、證據，但我們並不認為，阿波羅登月這一事實需要像考古一樣用證據才能證明其存在。事實就發生在四十多年前，世界各個國家、無數人員參與到相關項目中來，見證了人類這一偉大成就。全盤否定事實的存在才是荒謬的。但是，針對一些科學知識上的誤解和錯誤的觀點，還是值得解釋和糾正一下，以便讓更多的人瞭解登月和宇航方面的知識與細節。

A

謠言粉碎。

「阿波羅登月從未發生過」是一個流傳已久的陰謀論。牠所提出的證據並不能經過科學檢驗；相反的，大量事實都與阿波羅登月時的實際情況相符合。懷疑登月的真實性既沒有理由，也沒有依據。

參|考|資|料

[1] Wikipedia: Moon landing conspiracy theories.

[2] Environment fluttering flags.

[3] http://video.sina.com.cn/v/b/46667484-1604089797.html

[4] Where are the stars?

[5] 太空人出艙〔組圖〕。

[6] Fox TV and the Apollo Moon Hoax.

[7] Kecording of Russia' s luna gatecrash attempt released.

[8] Recording tracks Russia' s Moon gatecrash attempt.

[9] Wood, J.A. et al. Petro logical charater of the Luna 16 Samyle from Mare Feaunolitatis, 1971; Vol(6),Num3.

[10] James Papike, Grahm Ryder, and Charles Shearer (1998)."Lunar Samples". Reviews in Mineralogy and Geochemistry 36.

[11] http://syrte.obspm.fr/journees2005/s1_20_Bouquillon.pdf

[12] APOLLO' s Run Highlights.

[13] "嫦娥三號"將選取多個預備著陸點。

[14] Apollo Is: Confirmed Times Three.

鬥牛的真相：公牛能看見紅色嗎？

◎擬南芥

Q

鬥牛場上，公牛看見紅色東西的時候，會立刻衝上去。

當牛看見紅色東西的時候，立刻會生氣地衝上去——這樣的觀念來自鬥牛場，早已深入人心，甚至成了卡通漫畫愛用的素材之一。其實鬥牛士雖然是用紅布吸引公牛的注意力，但他的助手們用來挑逗公牛的斗篷卻是一面粉紅，一面黃色。那麼公牛到底是不是因為看到紅色才被激怒呢？要弄清楚這個問題，就要瞭解為什麼動物能看見顏色。

世界為什麼是彩色的？

世界在我們眼裡為什麼是彩色的？這是因為我們的眼睛感受到了不同波長的光。

為什麼不同波長的光線可以讓人感受到不同的顏色呢？原來在視網膜上，有一類非常重要的感光細胞，叫作視錐細胞。這類細胞不僅可以接收光子，讓人看見東西，還負責分辨不同的顏色。在人類的眼睛裡，視錐細胞分為三種，可以被不同波長的光線啟動。當這三種視錐細胞被啟動以後就會給大腦傳遞信號。

在大腦皮層裡，來自三種視錐細胞的信號被接收，隨後又被通過合適的方式整合起來。只有這樣，我們才能「看」到某種顏色。當所有類型的細胞以相同的程度被啟動，我們就能「看」見白色，如果只有紅色敏感視錐細胞和綠色敏感視錐細胞被以相同的程度啟動，我們就能「看」見黃色[1]。如果用稍微抽象一點的語言來說，三種視錐細胞的功能是把光的波長這個一維的直線轉換成了三維的視覺空間，三維空間裡的每個點對應了一個顏色。就這樣，光線的世界在我們面前變得多彩起來。

雖然不同的人對同一個波長可能有不同的感覺，但基本上是大同小異。如果差異超出了正常範圍，那麼這個人在色覺感知能力上可能會出現問題。色盲就屬於這樣的問題。在視錐細胞裡，負責感受光線波長的是色素蛋白質。在很多色盲患者的體內，編碼色素的基因發生了變異。舉個例子，如果一個人的綠敏色素發生了變異，那麼綠敏視錐細胞就不會被相應的綠光啟動。綠色色盲患者在那個波長的光的辨色能力就會下降。而在短波區，因為只有一種視錐細胞會被明顯啟動，所以在400~480奈米的地方我們都只能看到藍色，只是深淺不同而已；而在520~600奈米的中長光區裡，有兩種視錐細胞被啟動，於是我們就能看到綠色、青色、黃色、橙色和紅色等不同的顏色。對於那些紅色視錐或綠色視錐失效的色盲患者來說，紅色和綠色也變成了深淺不同的同一種顏色，所以紅綠色盲很難分辨這兩種顏色。

牛能看見紅色嗎？

人類是一種幸運的哺乳動物，因為大多數哺乳動物在演化過程中，丟失了不同種類的光敏色素。只有少數靈長目動物通過了基因重複（gene duplication）機制獲得了第三種光敏色素[2]。大多數哺乳動物只有兩種光敏色素，這些動物被稱為二色性視覺（dichromacy）動物。還有一些動物只有一種感光色素，這些動物是單色性視覺（monochromacy）動物。例如，很多海洋哺乳動物只有紅色光敏色素。對於這些動物來說，這個世界沒有顏色，只有亮度，就像我們看黑白電影的感覺一樣（遺憾的是，有些人類個體也屬於這種情況）[3]。

那麼，牛有幾種光敏色素呢？加州大學聖巴巴拉分校的吉羅德．雅各教授（Gerald H. Jacobs）用閃爍視網膜電圖測光法（electro retinogramicker photometry，ERG）找到了這個問題的答案。閃爍視網膜電圖測光法可以用來判斷視網膜可以吸收什麼波長的光。只要接上電極，就能測量光照下視網膜細胞的活性了[4]。

通過這種方法，科學家發現，牛的視網膜上有兩種視錐細胞，一種牛視錐細胞接收的光的波長介於紅色光和綠色光之間，與人的紅色感光色素極其接近，只是敏感的波長要稍短一些（555奈米）；另一種視錐細胞可以感受藍色光（451奈米），比人的藍色視錐感受光的波長要長一些。

簡略地說，因為先天缺失了感受綠光的視錐細胞，牛的視覺和患有綠色光敏色素突變導致的紅綠色盲患者有點類似，它可以區分長波長的紅光和短波長的藍光，但是對長波區內部的光卻缺乏分辨能力，因此紅色、橙色、黃色以及綠色對牛來說只是不同深淺的一種顏色。不過，牛的藍色視錐細胞可以感受波長較長的藍光，因而牛對長波光的辨別能力得到了一定程度上的補償[5]。

除了生理學的方法之外，還可以用行為學的方法來研究牛的視覺。2002年的一項行為學研究表明，牛可以辨認出長波長和中波長的光（紅色和綠色），卻不能很好地分辨中波長和短波長的光（綠光和藍光），這個結果看起來和生理學的研究有一些矛盾[6]。但是雅各教授表示，這項研究中使用的光源波長較寬，中波長的綠光和短波長的藍光有較大的重疊，可以同時啟動牛的綠色視錐和藍色視錐，使得牛可以分辨出紅綠。

其實，依靠人類的色覺認知來對牛進行行為學研究並不容易得出清晰的結果。此外，行為學研究和生理學的研究相比，存在很多人為干擾和變數因素，也就存在很多固有的不確定性。不過可以肯定的是，作為二色性視覺動物，只有兩種視錐細胞的牛眼中的世界顯然不像人類那樣豐富多彩，尤其是就從綠到紅這段區域內的光的分辨能力而言，牛和人類的能力相差很遠。

既然公牛分不清紅色、橙色、黃色以及綠色，為什麼還會被鬥牛士手中的紅色的旗子激怒呢？早在1923年，加州大學的喬治．斯特拉頓（George. M. Stratton）就研究過這個問題。他找到40頭牛，然後用白黑紅綠四種顏色的旗子進行實驗。斯特拉頓發現，引起公牛注意的，主要不是旗子的顏色，而是旗子的亮度以及揮動程度。這大概就是鬥牛士需要穿著閃亮的服裝登場，大幅度揮舞著手中的紅布和斗篷的原因吧[7]。

A

謠言粉碎。

因為人類已經習慣了三種顏色組成的世界，所以「牛眼中的世界是什麼樣」對一般人來說很難想像。簡單類比的話，牛的視覺大致介於普通人和紅綠色盲之間——雖然能感受到紅色和綠色有一些差別，但分辨能力不敏銳。總之，在鬥牛場上，讓牛激動的並不是旗子的顏色，而是旗子的運動。

參|考|資|料

[1] Mark Bear, Barry Connors, Michael Paradiso. Neuroscience: Exploring the Brain. Lippincott Williams & Wilkins; Third edition.

[2] Alison Surridge, Daniel Osorio, Nicholas Mundy. Evolution and selection of trichromatic vision in primates. Trends in Ecology & Evolution, 2003;18(4).

[3] Leo Peichl, Günther Behrmann, Ronald H. H. Kröger. For whales and seals the ocean is not blue: A visual pigment loss in marine mammals. European Journal of Neuroscience, 2001; 13(8).

[4] Gerald H. Jacobs, Jay Neitz, and Kris Krogh. Electroretinogram flicker photometry and its applications. JOSA A, 1996; 13(3).

[5] Gerald H. Jacobs Jess F. Deegan, Jay Neitz. Photopigment basis for dichromatic color vision in cows, goats, and sheep. Visual Neuroscience, 1998; 15(3).

[6] C.J.C. Phillips, C.A. Lomas. The Perception of Color by Cattle and Its Influence on Behavior. Journal of Dairy Science, 2001; 84(4).

[7] George. M. Stratton. The Color Red, and the Anger of Cattle. Psychological Review, 1923; 30(4).

[8] Carroll J, Murphy CJ, Neitz M, Hoeve JN, Neitz J. Photopigment basis for dichromatic color vision in the horse. J Vis. 2001;1(2).

面相等於真相？

◎rosafamily

Q

相由心生：一個人的個性、心思與為人善惡，可以由他的面向看出來。

自古以來，不論是帝王將相還是平民百姓，最渴望的事情之，大概就是了解人心。由於人的個性在大部分時候只是幕後程式而不是可見進程，人們往往只能依賴表象，在他人的外表中尋找性格的蛛絲馬跡。即便對家長里短的傳言半信半疑，你或也曾經發現，隔壁鄰居長得就是一副忠厚老實的模樣，昨天報紙上說的連環殺手真是天生一副兇殘可怕的嘴臉，而公司裡那個看著一臉剋夫相的阿姨果真剋死了兩位老公。這些事實可以說明由面孔讀人心是一門比較可信的科學嗎？我們究竟能不能從相貌推測人的性格呢？答案是複雜的。

顏值有風險，相面需謹慎

通常，那些通過長相準確推測性格的「神機妙算」，恐怕是「事後諸葛」的判斷，也就是心理學家所說的「事後偏見」（hindsight bias）。在你好好觀察隔壁那位敦厚的大哥之前，他言出必信的事蹟早在街坊鄰居之間傳為美談；在細細端詳殺人兇手的照片時，你已經讀到了這個不善於社交的少年如何攻擊他人；而在你聽說「剋夫」的阿姨家逢不幸之前，其實覺得她慈眉善目，頗為可親。從這個方面來看，看臉識人的性質和星座血型差不太多。當我們瞭解了一個人的個性之後，往往會回溯已經知道的資訊，再對其外表進行相應的評價與解釋。

美國心理學家勒萬多夫斯基（Gary W. Lewandowski Jr.）、艾倫（Arthur Aron）和吉（Julie Gee）等人曾經請一些男女大學生觀看了帶有性格描述的異性照片，再讓受試者評價照片中的人物是否具有魅力，結果那些讀到帶有「美言」（如為人誠實、樂於助人）的照片的受試者，更容易對照片中的人物外貌給出較高評價，反之亦然[1]。所以，在讚歎別人或自己火眼金睛之前，請務必考察或回想一下，評價者是否自覺或不自覺地做了功課？

讀到這裡，你或許會反駁：我們辦公室那個小玲，之前真的完全不認識，可我見第一面就知道她是個聰明幹練的人。沒錯，人們相信你的判斷力，不過當你「第一面」見著小玲的時候，入眼的可不僅是她的長相。在第一個瞬間，你看到的還有她的穿著打扮，舉手投足，聲音相貌……而這些都是具有實證根據，能夠充分反映人們性格的細節。1988年的一項心理學研究顯示，如果穿著整潔、正式，可以較為準確地給人一種信任感[2]。

在另一個實驗中，兩位美國的心理學家請小朋友們觀看了一些模特帶有不同表情的相片之後詢問他們覺得哪個人比較受到他人尊重、可以指揮他人做事。結果發現，就連還沒上學的孩子也懂得，那些面容嚴肅、不苟言笑的人比較有領導風範[3]。而蘿拉．瑙曼（Laura P. Naumann）等幾位美國心理學家在2009年的研究則表明，比起標準化的全身照，一張允許相中人自由擺姿勢的相片能夠傳遞更豐富和準確的個人性格資訊。從一張自由擺姿勢的相片中，與相片中人完全陌生的評價者可以較為準確地判斷出相中人內向還是外向、為人能不能信賴、是否會搞笑等性格的各個方面[4]。所以，正在誠徵伴侶的讀者們，假如決定要祭出真相，還是放鬆自然、包含豐富的著裝與肢體語言的生活照最佳！

瑙曼等人的研究同樣顯示，當人們僅僅觀察他人的外表而無法同時看清面部表情等細節時，對於對方性格的判斷並不很準確和全面。相貌心理學的研究者澤布羅維奇（Leslie A. Zebrowitz）、霍爾（Judith A. Hall）、墨菲（Laura A. Murphy）和羅茲（Gillian Rhodes）等人也發現，當人們看著相片判斷陌生人是否聰明時，他們的正確率比純猜測好不到哪兒去。不僅如此，澤布羅維奇的研究小組還發現，人們基於「常識」的相面術有可能和事實大相徑庭。

譬如，雖然人們常常認為是「正太」的孩子性格純潔柔軟，但在較低的社會階層中，娃娃臉的少年犯罪率比一般少年要高。對此研究者是這樣解釋的：正因為人們對於正太抱有一種乖巧、可愛的印象，部分（通常是在社會底層的）正太們腦筋一下子轉不過來，就去奮起反擊，證明自我了[5]。雖然這樣的「囧孩子」是越少越好，但他們的存在卻有力地說明：顏值有風險，相面需謹慎。

外貌非真相，社會有偏見。雖然觀眾的眼睛不是時時雪亮，卻也不完全是白長的。在之前提到的那項1988年的研究中，心理學家將許多互不認識的人們分成小組，請他們基於外貌，對自己的性格和同組的、自己完全陌生的其他成員的性格進行評分，結果發現，人們對陌生組員進行的性格評估和被評估者自我報告的性格有一定關係。多倫多大學心理學教授魯爾（Nicholas O. Rule）和斯坦福的安姆巴蒂（Nalini Ambady）教授請人們評價了將近100位法律界人士的大學畢業標準照之後發現，年輕時看起來就一臉成功人士模樣的畢業生，日後賺錢也比較多[6]。也就是說，察言觀相並非毫無用處。你可能也會想起，最近公司新招的那個相貌老成的小夥子，為人處世的確挺成熟的；而鄰居家那個外形柔美的小男孩，果真是個溫和乖巧的少年呢。這又是怎麼回事呢？

這就要說到著名的「羅森塔爾效應」，又稱「自我實現的預言」（self-fulling prophecy）。也就是說，人們常常會在不知不覺間成為他人期待自己變成的人。例如長相較為成熟的孩子，估計從小因為長相的緣故，一定有被老師點名擔任班級幹部；而鄰居家那個漂亮得像女孩子一樣的小弟弟，爸爸媽媽也捨不得放出去，早早就報名素描課，讓他天天安靜地在家畫畫兒。

澤布羅維奇等人[7]在研究了許多人從青少年時期直到60歲的檔案之後發現，許多一臉柔弱模樣的男孩子在年輕的時候並不是軟弱無能，但日後卻真的成為扶不起的阿斗！可以想像，這很有可能是當事人年輕時就因為長相的緣故而不為他人當作真正的成年人來對待，所以沒有經過鍛煉而具備一個負責的成年人應當具有的品質，最終變成了一個「杯具」（悲劇）。

就具體的五官來看，儘管有這樣那樣的研究指出人們對他人的外貌特徵可能懷有的偏見，但研究者們至今尚未發現多少直接的實證證據表明某個部分具體的形貌和性格的相關關係。然而與此同時，大量實證資料表明，外表在整體層面上（而不是單看眼睛或鼻子等）對於人的個性發展有著極為廣泛的影響。美貌可以成為一個強大的「光環」，遮蔽人們對他人身上與外貌並不相關的品質的判斷。也就是說，「高帥」與「白美」們不僅會被人認為更有魅力，也會「順便」被人認為工作能力強，性格更好，從而可以在情場上順風順水，在職場上靠臉吃飯。

因此，當我們以強大的內心坦然對鏡、不因相貌對自己或他人產生偏見的同時，還是可以稍微花些功夫，對自己進行適當得體的修飾並進行形體儀態方面的訓練，由內而外地散發出自己獨特的魅力。

A

謠言粉碎。

在某種程度上，我們可以對相面先生的細節論斷一笑置之。然而，外表在整體層面上對於人的個性發展有著極為廣泛的影響，這也是帥哥與美女常常可以在情場上順風順水，在職場上如魚得水的原因。

參|考|資|料

[1] Lewandowski Jr., G. W., Aron, A., & Gee, J. (2007). Personality goes a long way: The malleability of opposite-sex physical attractiveness. Personal Relationships, 14(2007).

[2] Consensus in personality judgments at zero acquaintance. Albright, L., Kenny, D. A., Malloy, T. E. Consensus in Personality Judgments at Zero Acquaintance. Journal of Personality and Social Psychology, 55(3).

[3] Keating, C. F., & Bai, D. L (1986). Children's Attributions of SocialDominance from Facial Cues. Child Development 57(5).

[4] Naumann, L. P., Vazire, S., Rentfrow, P. J., & Gosling, S. D. (2009). Personality judgments based on physical appearance. [Research Support, U.S. Gov't, Non-P. H.S.]. Pers Soc Psychol Bull, 35(12).

[5] Zebrowitz, L. A., Hall, J. A., Murphy, N. A., & Rhodes, G. (2002). Looking Smart and Looking Good: Facial Cues to Intelligence and Their Origins. Personality and Social Psychology Bulletin, 28(2). doi: 10.1177/0146167202282009.

[6] Rule, N. O., & Ambady, N. (2010). Judgments of Power From College Yearbook Photos and Later Career Success. Social Psychological and Personality Science,2(2).

[7] Zebrowitz, L. A., Collins, M. A., & Dutta, R. (1998). The Relationship between Appearance and Personality Across the Life Span. Personality and Social Psychology Bulletin, 24(7).

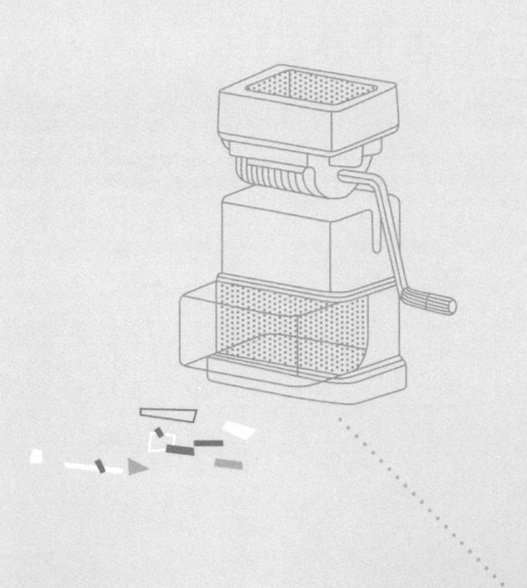

2

第二章 /
現代快謠

精液也能堵下水道？

◎大侖丁

坊間傳說，英國的一所大學貼出通告：因為學生在淋浴房中自慰，大量精液堵塞了水管。

這樣的消息出現在網路上立刻引起譁然，從留言就可以看出來。大多數人都知道，精液射出之後是黏稠的膠狀物質，看起來有點類似膠水。再往下想，大量的精液堆積在一起，豈不就成了一大塊凝膠，扔在廁所裡不就會堵住水管嗎？正可謂眾人自慰堵廁也。

凝膠？你讓它怎麼跑？

炮製出這條消息的人，一定沒有仔細觀察過精液在射出三到五分鐘以後的樣子。當然，相信不是每一個男人在「摧殘小生命」之後都有興趣再去仔細觀察的。但仔細一想，就會發現精液如果一直保持凝膠樣的形態，首先就會出現一個問題——精子跑不出去。

要知道，生命之花的綻放是需要精子和卵子的結合的。精卵結合的主要部位在輸卵管壺腹部，這離射精的地方可是相當遠。小蝌蚪們需要努力遊過陰道、子宮、輸卵管峽部，才可以到達最終的受精部位。如果精液射出之後一直保持凝膠的狀態，精子就會被粘在這一團黏糊糊的東西裡，無法與卵子相遇，這樣也就不會誕生新的生命了。

那麼，情況到底是怎樣呢？事實上，精液射出之後三到五分鐘之內，就會發生一種叫「液化」的過程，最終變成水一樣的物質。

精液裡有啥？

精液的組成成分主要是精子，其次就是由前列腺分泌的前列腺液，還有來自睪丸、附睪、輸精管分泌的少量液體組成。這些液態物質之所以會成為黏糊糊的狀態，是因為精液中含有纖維蛋白。這種蛋白能夠使得精子和那一系列分泌液混合在一起成為膠凍狀，便於精子能夠大量地射出。並且能夠穩固地在陰道中停留一段時間，不至於射出之後立即就從陰道中倒流出來。

射精之後，那一團黏糊糊的精液經由負壓的作用進入陰道中。這時候，精液中另外一種重要成分就開始發揮作用了，就是纖維蛋白酶。這種對纖維蛋白有水解作用的酶類從精液射出之後就開始分解精液中的纖維蛋白，大約在三到五分鐘內就可以把纖維蛋白大致分解完。這時候，由於把精液聚合起來的纖維蛋白不復存在，精液就恢復成了水樣的物質，這時候小蝌蚪們就可以從這攤液體中跑出來，去爭奪卵子。而由於這攤水一樣的物質是存在陰道穹窿中，所以不會很容易地流出體外，這也間接增加了受精的機會。其實還有很重要的一點，精液是能夠溶解於水的。「液化」過程加上可溶性，再多的精液也不可能堵塞下水道。

A

謠言粉碎。

射出的精液在三到五分鐘之後就會變成稀薄的液體，再多也不會造成下水道的堵塞。

偷腎？沒那麼容易

◎大侖丁

Q

中國大陸網上曾經廣泛流傳著偷腎傳言：一個人在酒吧醉倒了，醒來之後發現自己躺在一個裝滿冰的浴缸裡，旁邊有一張紙，上面寫著「打電話叫救護車，否則你會死」，結果發現後腰兩側的傷口，原來兩顆腎被偷走了。還有一條新聞：一個年輕人被老闆騙去醫院被偷了腎。

在不情願、不知情的情況下被人偷走一個腎可能發生嗎？讓我們來分析看這兩種情況發生的可能性吧。先說網上流傳的偷腎傳言。基本上，均、不、靠、譜！

疑點1：醒來躺在浴缸

切除雙腎絕非易事，首先要做的準備就是全身麻醉，這就需要麻醉設備、藥品和呼吸機、急救藥品等。一般來說，擁有這些設備和條件的地方只能是醫院的手術室，但又有哪個正常醫生會給病人做雙腎切除這種明顯置人於死地的手術呢？

疑點2：裝滿冰的浴缸

退一萬步來說，即使真的有人有能力和設備做了這種手術，為什麼要把受害者放在裝滿冰的浴缸裡呢？就好像降低體溫才能夠活著一樣。事實上，即使切除了雙腎，只要沒有出血、感染等手術併發症，人就不會在短時間內死掉。切掉兩顆腎臟，等於瞬間製造了尿毒症，這和急性雙腎動脈栓塞是一樣的。遇到這種情況，患者短時間內並不會因為毒素的蓄積而出現危險，而是因為身體不能排出多餘的電解質離子，造成電解質紊亂而危及生命。

疑點3：誰要取走的腎？

移植腎可不是簡單的替換零件，受者和供者之間就像骨髓移植一樣，也需要配血型，以減少移植後的排斥反應。腎臟摘除之後，因為缺少血液和氧氣的供應，幾個小時之內就會壞死，失去價值。這樣盲目地完全不做配型檢測的摘除腎臟，摘下來要給誰？如果真的沒有人要，偷腎賊豈不是一分錢都得不到，還浪費了手術的相關費用嗎？

從醫學的角度來說，這種偷腎情節是臆想出來的。另外，從這條流言的來源和演變也可以判斷它並不屬實。不過，那條偷腎新聞的情形則有很大不同。基本上各個國家都是禁止買賣人體器官的，而根據中國大陸目前的規定，活體器官捐獻必須是直系血親之間才可以進行[1]。這就不免讓一些財大氣粗又需要器官移植的人動歪心思，通過偽造親屬關係的方式來獲得移植的機會。如果捐獻人自願，又擁有合法的手續，負責移植的醫院和醫師很難識別出來。

前面已經說過，移植手術前的配型是很重要的程式，所以不太可能在大街上隨便找個人迷昏他，明搶腎臟。許多受害者或是被欺騙，或是經濟上有困難，並且對事情的嚴重性沒有很好的認識。

取走一個腎並不會對生命造成威脅。健康供者的另外一個腎會相應地變大、功能變強，產生代償作用。但從健康角度來看，即使身體的代償能力足夠強，丟失一個器官也會相應地造成身體負擔加重、葡萄糖耐量降低等一系列問題。有些問題在年輕人身上也許表現不出來，而當進入中老年後才會慢慢顯現。為了解決眼前的經濟問題而賣器官是件將來會後悔的事。

對於更多的人來說，為了防止「偷腎」事件的發生，最重要的就是不要輕信陌生人安排的體檢機會，或者類似免費體檢之類的幌子。這些檢查可能就是對你進行的一系列移植前檢查。住院、檢查身體一定要自己去醫院聯繫，畢竟，身家性命還是靠自己來保護比較可靠。

在發達國家，基本每個醫院都會有一個器官捐贈協會，提供器官的人也不僅限於直系血親。協會負責鑒別捐獻者是否是自願捐獻器官，器官是否符合要求，受者是否有移植的意義。器官捐贈協會對於來路不明的器官是絕對不接受的。如果中國大陸能夠建立類似的機制，解除「只能由直系血親提供器官」這個限制，同時鼓勵更多的人在生前簽訂捐獻器官的同意書，開闢其他合法器官的供體來源，減少動歪腦筋的需要，也許動歪心思的人就會少得多，騙取器官的產業鏈也就自然消失了。

謠言粉碎。

偷走腎並不是不能實現的任務，但也絕非反掌之易。大家不用太過害怕所謂「醉酒丟腎」的橋段，同時也不要輕易接受不熟悉的人以體檢為由對你進行的檢查。如果被他人安排住院，只要向醫生問清楚所有治療的細節，腎就不會從你身上跑掉。

參|考|資|料

[1] 根據中國大陸活體器官捐獻人的詳細規定：《人體器官移植條例》第二章第十條規定：活體器官的接受人限於活體器官捐獻人的配偶、直系血親或者三代以內旁系血親，或者有證據證明與活體器官捐獻人存在因幫扶等形成親情關係的人員。（已於2007 年5 月1日起施行）

外甥把外甥女吃掉了！

◎和諧大巴

我姐姐懷了龍鳳胎，家裡都很高興。結果前幾天產檢時發現女孩不見了！然後醫生告訴我姐有這種情況，其實大多數人都會懷兩個孩子，只不過很多時候其中一個會把另一個吸收掉。我覺得很恐怖，我們是否也曾經吸收過自己的兄弟姊妹？

雙胞胎之一「不見了」，醫學上稱之為「雙胎消失綜合症」，可能是一種自然選擇的現象，也可能是由於「雙胞胎兒輸血症候群」導致。這種情況的發生率並不高，不必大驚小怪。

雙胞胎和多胞胎發生的概率有多大？

雙胞胎或者多胞胎的發生率其實並不高。1895年，科學家根據大量統計資料，推算出自然狀態下，白人多胎妊娠發生率的公式為：1/89（n-1）（n代表一次妊娠的胎兒數），也就是說，雙胞胎的發生率約為1/89（約1.1%），三胞胎的發生率約為1/7921（約 0.013%）[1]。亞洲人中雙胎更不常見，在日本，雙胎發生率僅有1/155（約 0.65%）[2]。也就是說，150多次妊娠中才會發生一次雙胎，大多數人都不會同時懷兩個孩子。當然了，通過人工輔助生育技術促進排卵的方式來增加多胎妊娠概率的情況不在這個討論範圍內。

雙胎之一消失是怎麼回事？

其實，平時所說的雙胞胎發生率準確來說是實際分娩率。在早期妊娠時，經B超診斷的雙胎數要比實際分娩的雙胎數要高，不過也遠沒有達到流言所說的「大多數」。有報導所有自然妊娠的孕婦中，在妊娠第八周時多胎率為3.3~5.4%[3]，但其中21~30%會發生多胎中的一胎或以上死亡或消失[4]，這種現象稱為雙胎消失綜合症（Vanishing Twin Syndrome，VTS）。胎兒消失在三胎和四胎妊娠發生率更高，三胎妊娠中一個胎消失的發生率可能超過40%[2]。

雙胎消失的原因目前雖然不很明確，但雙胎消失綜合症在基因或染色體異常的胎兒中更為常見。目前一個比較普遍的看法是，雙胎中消失的一個多是因為自然選擇被淘汰了。此外，雙胎消失還可能是由於母胎血型不合所引起的免疫排斥，或者由異常的血管吻合所致。因此「雙胞胎兒輸血症候群」也可導致雙胎之一死亡和消失。[5]

雙胎消失並不是莫名其妙的「蒸發」，總會留下些蛛絲馬跡。早期死亡的胎兒由於骨骼尚未發育完成，不斷受到正常妊娠胎兒的羊膜囊的擠壓，加之死胎部分軟組織被吸收，到存活胎兒生產時，這個死胎就變得又扁又薄，但胎兒整個輪廓仍清晰可辨，所以被稱為「紙樣胎」。這種情況更常發生在有「雙胞胎兒輸血症候群」的胎兒中。對於孕早期死亡的胎兒，機體對其產生的反應不同，死亡的胚胎最終可能變成一個胎盤上的囊腫，或者纖維化，或者無定形物質，或者乾脆徹底被胎盤或母體吸收。[6]

什麼是雙胞胎兒輸血症候群？

雙胞胎兒輸血症候群（Twin-to-twin transfusion syndrome，TTTS）是一種特殊的雙胎妊娠併發症。當兩個胎兒共用一個胎盤時，通常胎盤血管間的相互吻合是彼此平衡的。但如果這樣的血管吻合出現異常，例如其中以胎兒的深部動脈和另一胎兒的靜脈發生吻合，那麼一個胎兒的血便會借助這支大血管的吻合源源不斷地輸入另一個胎兒體內。供血胎兒由於不斷地向受血胎輸血，處於低血容量、貧血狀態，胎兒發育遲緩、少尿、羊水少；

受血胎兒則由於處於高血容量，尿量增加引起羊水增多，同時胎兒個體較大，其心、肝、腎等臟器增大，血細胞增多，血細胞壓積增高，胎兒會出現水腫。如果供血胎兒及其血管受到受血胎兒一側增大的羊膜腔的過度壓迫，將會導致供血胎兒死亡，最終也會發展成雙胞胎中的一個「不見了」。[7]

雙胎之一消失的後果是什麼？

在妊娠前三個月內一胎消失，剩下的一個或多個胎通常可以正常發育而不受影響，儘管孕婦可能會出現少量陰道出血。但妊娠三個月之後發生的雙胎之一消失，由於死胎體積較大，身體難以將其完全處理，會使母體和胎兒發生各種併發症的風險大大增加，包括使母體發生早產、子宮腔內感染、嚴重的產後出血、凝血障礙和難產等情況[8]，增加倖存下來的胎兒腦癱等腦部性損傷的風險[6]，以及發生皮膚壞死、低血壓乃至宮內死亡等情況[9]。因此，懷孕之後的定期B超檢查是十分必要的。如果懷孕中晚期發生雙胎之一消失的話，應該對孕婦和胎兒進行嚴密的觀察，預防相關併發症的發生。

謠言粉碎。

雙胎妊娠還是相對少見的，雙胎消失的現象也確實存在。雙胎消失綜合症中消失的一胎多有基因或染色體畸形，在自然選擇中被淘汰，這是種自然優生現象。雙胞胎兒輸血症候群也會導致雙胎之一死亡，最終死亡的胎兒可能會形成紙樣胎而「消失」。雙胎消失發生在妊娠早期往往不會對母體和剩下的胎兒有影響，但若發生在妊娠三個月後，則有可能造成母體和胎兒的嚴重併發症，應當謹慎處理。

參|考|資|料

[1] Fellman J, Eriksson AW. Statistical analyses of Hellin's law. Twin Res Hum Genet. 2009 Apr;12(2).

[2] (1, 2) Multiple Pregnancy and Birth: Twins, Triplets, and Higher Order Multiples. American Society for Reproductive Medicine, 2004

[3] Landy HJ, Weiner S, Corson SL, et al. The "vanishing twin": ultrasonographic assessment of fetal disappearance in the first trimester. Am J Obstet Gynecol. Jul 1986;155(1).

[4] Sampson A, de Crespigny LC. Vanishing twins: the frequency of spontaneous fetal reduction of a twin pregnancy. Ultrasound Obstet Gynecol. Mar 1 1992;2(2).

[5] Landy HJ, Keith LG. The vanishing twin: a review. Hum Reprod Update. Mar-Apr 1998;4(2).

[6] (1, 2) Pharoah PO, Adi Y. Consequences of in-utero death in a twin pregnancy. Lancet. 2000 May 6.

[7] Brackley KJ, Kilby MD. Twin-twin transfusion syndrome. Hosp Med. Jun 1999;60(6).

[8] Yoshida K, Soma H. Outcome of the surviving cotwin of a fetus papyraceus or of a dead fetus. Acta Genet Med Gemellol (Roma). 1986;35(1-2).

[9] Classen DA. Aplasia cutis congenita associated with fetus papyraceous. Cutis. Aug 1999.

滴血在食物上，能傳播愛滋病？

◎貓羯座

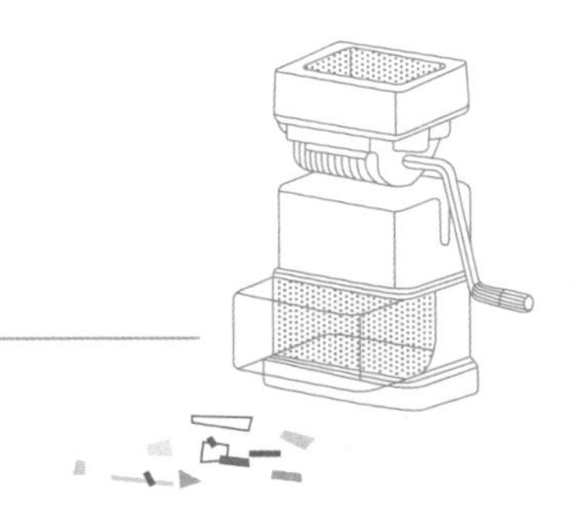

Q

最近不要在外面吃東西，尤其是大盤雞、燒烤、涼拌菜，多名愛滋病患者將自己的血液滴進食物裡。此事已被公安部與衛生部證實，已有多人被感染。看到後馬上發給你關心的人，讓他們小心注意！

先吐個大槽：上面那個愛滋病菌是個什麼情況？難道愛滋病是由病毒傳播的這個常識都被顛覆了嗎？當然，這則流言裡的吐槽點可不只這麼一點。

2008年，中國大陸網上開始流傳關於「吃燒烤會傳染愛滋病」的謠言，該年的4月21日，新疆當地政府甚至為此事召開了新聞發佈會，就當時謠傳甚廣的「吃燒烤傳染愛滋病」事件進行了澄清[1]。新疆防治愛滋病工作委員會辦公室副主任居來提・克裡木表示，吃燒烤不會傳染愛滋病，請廣大民眾不要輕信謠言，更不要傳謠。

愛滋病病毒很嬌弱

愛滋病病毒（HIV）一旦離開血液和體液，在自然界環境中抵抗力很弱且不具備傳染性，高溫和許多消毒劑都可以迅速殺滅愛滋病病毒。HIV非常脆弱，有研究實驗表明[2]，病毒的活性隨著加熱時間的延長和溫度的提高而逐步下降。55℃加熱30分鐘，60~70℃加熱10分鐘就可以使HIV滅活（指病毒失去感染性），75℃以上加熱5分鐘可使HIV滅活。在乾燥條件下，HIV在10~12分鐘內就會失去感染性。美國疾病預防控制中心在對公眾的宣傳中聲稱，HIV病毒在某些精確控制的環境中或在受限的實驗室條件中可以存活數天甚至數周。但研究也顯示，在體外乾燥環境中，僅需數小時，可傳染的HIV病毒量就會減少90%到99%。同時，他們認為，在實驗室使用的HIV樣本，其濃度高於真正血液和其他感染性體液中的HIV含量，因此乾燥的感染性血液和體液在環境中的可傳播性幾乎為零。對實驗室結果的過度解讀，可能會造成不必要的恐慌。[3]

據說燒烤各類主要食物的安全溫度分別是：雞胸肉約為170℃，牛排約為145℃，豬肉為160℃。這些數字可能不準確，但對於嬌弱的HIV來說，無論如何它們都太高了。

試想一下嬌弱的HIV的冒險歷程：在滾燙的燒烤和大盤雞上煎熬三、五分鐘，再通過也許大概可能存在的消化道破損，進入人的血液讓人感染。這種可能性多大？幾乎為零。

恐怕流言的傳播者也意識到了溫度這個問題，於是在它的流傳過程中，多了個「涼拌菜」。那麼，往涼菜裡滴血，有可能讓人感染嗎？

傳染之路崎嶇且堵塞

其實HIV主要存在於愛滋病病人的血液、精液、陰道分泌物、傷口滲出液和乳汁中，而它在唾液、淚液、尿液中的含量甚微。因此HIV的傳播途徑只有三個：

1. **同HIV感染者發生無保護的性行為；**
2. **被感染的母親傳染給未出生的嬰兒，或嬰兒出生後經由母乳獲得HIV；**
3. **接受了被HIV污染的血液。**

無論是同性、異性，還是兩性之間的性接觸都會導致愛滋病的傳播。愛滋病感染者的精液或陰道分泌物中有大量的病毒，在性活動（包括陰道性交、肛交和口交）時，由於性交部位的摩擦，很容易造成生殖器黏膜的細微破損，這時，病毒就會乘虛而入，進入未感染者的血液中。值得一提的是，由於直腸的腸壁較陰道壁更容易破損，所以肛交的危險性比陰道性交的危險性更大，而且肛交性行為對於插入方和被插入方而言，危險性均會增加。另外，如果母親是愛滋病感染者，那麼她很有可能會在懷孕、分娩過程或是通過母乳餵養使她的孩子受到感染。

而血液傳播是感染最直接的途徑了。輸入被病毒污染的血液，使用了被血液污染而又未經嚴格消毒的注射器、針灸針、拔牙工具，都是十分危險的。另外，如果與愛滋病病毒感染者共用一隻未消毒的注射器，也會被留在針管中的病毒所感染。

但傳染病的傳播存在傳播效率的問題。傳播效率是指一次接觸時疾病的可能傳染的概率，不同的疾病在不同的接觸方式下有不同的傳播效率，而即使在最危險的傳播方式中，傳播的效率也不是百分之百。以愛滋病的性傳播而言，國內一項對異性性行為愛滋病病毒的傳播效率作出的病例對照研究[4]，以一方HIV陽性、通過性生活導致對方感染HIV的夫妻為病例，以另一方HIV陽性、夫婦間有正常性生活，但對方未感染HIV的夫妻為對照。結果發現，發生HIV性傳播的夫妻僅占全部有性傳播危險夫妻的11.1%。另外一項對「單陽HIV感染」的配偶中進行的病毒傳遞效率的研究就顯示，血液傳播組（通過賣血或買血感染）的年感染率為2.0%，而性傳播組（通過性傳播）的年感染率為8.9%[5]。

換句話說，在公認較為危險的傳播方式中，HIV的傳播效率並不算很高，更遑論通過消化道的方式。所以，即使是沒加過熱的涼菜中被滴了愛滋病人的血液，拌涼菜時放的醬油、醋、辣椒、蒜泥等對病毒來說也不是什麼好事，這種條件之下也沒什麼可能傳播愛滋病。

與此可作為參照的是：在愛滋病免費諮詢與檢測門診（HIV Voluntary Counseling & Testing，VCT）中，還經常會有病人對「蚊子昆蟲叮咬是否會傳播愛滋病」等問題存在疑惑，而事實上，蚊蟲叮咬是不會傳播愛滋病的。

謠言粉碎。
無論是往熱菜還是涼菜裡滴愛滋病人的血，傳染愛滋病的概率都幾乎為零。這種謠言，是低估犯罪分子的智商了。

參|考|資|料

[1] 新疆官方就「吃燒烤傳染愛滋病」闢謠

[2] 米獻淼，李敬雲。人免疫缺陷病毒對熱和乾燥的抗力研究[A]. 第一屆中國愛滋病性病防治大會論文集[C]；2001年。

[3] 美國疾病預防及控制中心，Q&A

[4] 李林，李敬雲，影響愛滋病病毒異性性傳播有關因素的研究[J]。中華流行病學雜誌，2003，24(11)。

[5] Rongrong Yang , Xien Gui. The Comparison of Human Immunodeficiency Virus Type 1 Transmission between Couples through Blood or Sex in Central China[J]. Jpn J Infect Dis. 2010 Jul;63(4).

iPad充電器不能為iPhone充電嗎？

◎天藍提琴

Q

請勿用iPad充電器為iPhone充電，雖然看起來他們長得一樣，兩者的充電電壓都是5V，iPhone的充電電流是1A，而iPad卻是2.1A，根據P=UI可得知iPhone充電器的功率為5W，而iPad為10.2W。這樣做的後果是既傷iPhone又傷iPad充電器（過高電流有可能導致關鍵電容被擊穿）。

相信同時擁有iPad和iPhone的果粉為數不少，看到這條流言後，是否會覺得心頭一緊？其實完全不用擔心。流言的原始作者並不真正懂得電子知識，只是單純依據充電器的參數，想當然地得出了這樣一個錯誤的結論。想弄清楚為什麼iPad充電器可以為iPhone充電，得先真正瞭解充電器的工作原理。

充電過程是怎樣的？

充電器插頭一端插在220V交流電的插座上，另一端用蘋果專用的資料線接到iPhone或iPad上。220V交流電先通過整流電路變成高壓直流電，再經過開關管變成高頻高壓脈衝，然後通過變壓器轉換為低壓（例如5V）脈衝。5V的低壓脈衝再經過一個整流、穩壓電路，變成5V穩定的直流電。在從220V交流電變為5V直流電的整個過程中，變壓器、整流電路、穩壓電路只是起到一個改變電能形態的作用（從高壓交流電變為低壓直流電）。

在充電這件事情上，只有充電器是一個巴掌拍不響的。如果穩壓電路輸出5V的一端（USB介面）沒有接上iPad或者iPhone（術語稱為負載），就不會有電流流過，也就不會消耗電能。接上負載之後，充電器才開始工作，流過充電器的電流大小取決於負載的狀態：只要在力所能及的範圍內，負載需要多大的電流，充電器就提供多大的電流。如果負載需要的電流超過了充電器能夠提供的電流上限，那麼充電器就會一直輸出這個最大的電流。這是因為，充電器內部通常會設計保護電路，一旦輸出電流過大，就會觸發保護機制，暫停電流輸出。不過，蘋果公司為了讓旗下的所有充電器和數碼產品能夠儘量混用，想出了一個奇招。

仔細觀察一下USB介面，你會發現四個窄金屬條，稱為四個接腳。這四個接腳分別連接5V電源、GND接地、D+資料線正信號和D-資料線負信號。一般相容USB介面的充電器，D+和D-兩個接腳是懸空的，任何設備只要插上這樣的充電器，就會從5V和GND兩個接腳獲得電能。而蘋果的充電器則在D+和D-兩個資料接腳上增加了分壓電阻，使充電的設備能夠在充電時從這兩條資料線上讀到兩個電壓。經過網路上的創客（Maker）實驗證明，iPhone或者iPod對應的5V1A充電器，D+上的電壓是2V，D-也是2V；而iPad使用的5 V2.1A的充電器，D+電壓2.7 V，D-電壓2V。當iPad或者iPhone接上充電器時，通過這兩個接腳上不同的電壓就可以區分當前使用的是哪種充電器，也就能對負載做出相應的調整，從而安全地充電。這種設計還可以防止普通充電器對蘋果設備進行充電。

用iPad充電器給iPhone充電會怎樣？

iPad和iPhone充電器的設計不同是有原因的。iPhone的電池容量較小，只需要1A的充電電流就能在一個合理的時間內完成充電。雖然更大的充電電流能大幅縮短充電時間，但會帶來更大的發熱量，而高溫是鋰電池壽命縮短的頭號殺手，所以iPhone充電器的最大輸出電流被設計為1A。

iPad的充電器上標明了5V2.1A，指的是iPad的充電器最大只能輸出2.1A的電流。當你用iPad的充電器給iPhone充電時，雖然iPad的充電器最大能夠提供2.1A的電流，但由於iPhone只能接受1A的電流，iPad的充電器也只要遷就它。這就好比在四車道的公路上開車，遇到收費站的時候，只有一個收費亭開著，那麼同時通過收費站的汽車最多也就只有一輛。

iPad的電池被設計成在充電電流為2.1A時充電時間最合適。如果用iPhone的充電器給iPad進行充電，由於iPhone的充電器最大只能提供1A的電流輸出，整個充電的時間會是原來的2.1倍左右。由於蘋果在USB介面資料接腳上耍的小花招，iPad知道這是iPhone的充電器，也就不會「要求」超過1A的充電電流，並不會使iPhone充電器超載而導致損壞。這也好比在公路上，雖然收費站裡有四個收費亭，但是由於修路的原因，實際通車的車道只有一條，那麼同時通過這個收費站的汽車最多仍然只有一輛。

至於這條流言最後提到的「過高的電流可能導致關鍵電容擊穿」，完全邏輯不通，也說明了流言作者缺乏電學知識。電容的最基本功能是「通交流，隔直流」。充電器輸出的是直流電，而無論多大的直流電流，都是無法通過電容的，並不能導致電容「擊穿」。能夠擊穿電容的，是過高的直流電壓，也就是「擊穿電壓」。

謠言粉碎。
用iPad充電器為iPhone充電是完全可行的，對iPhone和充電器都不會有損傷。而iPhone充電器為iPad充電也可以，只不過所需的充電時間更長。

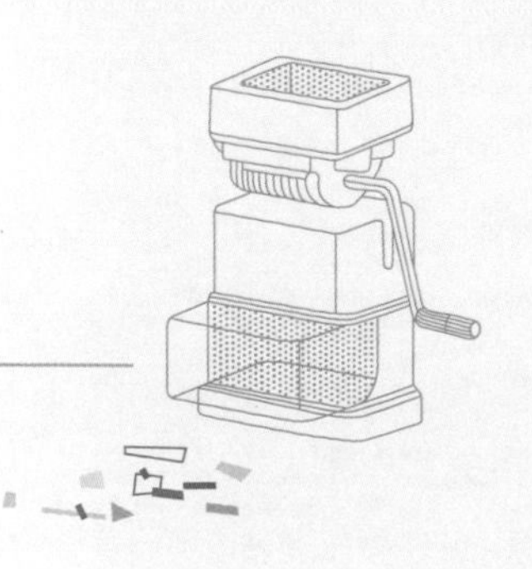

狗狗尿輪胎，會導致爆胎嗎？

◎何以袖手

Q

狗尿對輪胎的危害是非常大的！社區裡的車輛輪胎，有一部分會天天被狗尿光顧。輪胎尿跡斑斑、氣味難聞，表面看似衛生問題，但其實遠不是這樣簡單，因為狗尿對輪胎和輪圈都有很強的腐蝕作用。輪胎的側面是最薄弱的地方，而狗恰好都尿在此處，使得輪胎表面上看著還可以，內部卻已經脆弱了。當我們在高速公路上疾馳時，很有可能就是因為哪隻狗狗進行的狗式標記——一泡尿而發生爆胎，威脅到我們的生命安全。[1]

在各大汽車網站、論壇裡，都有「狗尿腐蝕輪胎」的文章和討論，更有節目製作實驗《極度測試——狗尿對輪胎的危害》[2]。看起來好像真有其事，但實際上卻經不起推敲。

狗尿所含的物質既不會與橡膠發生反應，它的酸鹼度也不足以對橡膠產生腐蝕作用，老化作用幾乎可以忽略不計。而輪胎表面的橡膠主要有耐磨和避震的作用，真正對強度起決定性作用的是胎體內部的增強纖維織物等，不會因為外層橡膠的老化而爆胎。此外，由於汽車輪圈表面均經過抗腐蝕處理，對強酸強鹼都有一定的抵抗作用，所以我們完全不用為狗狗的圈地行為反應過度。

橡膠輪胎抗老化

橡膠的種類很多，從天然橡膠（主要是聚異戊二烯）到各種合成橡膠（如丁苯橡膠、順丁橡膠、異戊橡膠等等），幾乎都可以用於橡膠輪胎的生產。橡膠在製成輪胎之前，都要經過交聯（又名硫化）的過程——簡單說就是用化學鍵把橡膠的長鏈分子連接起來，使之從宏觀上幾乎可以看作是一整個大分子。這個過程使得橡膠輪胎的化學性質十分穩定，具有較高的強度、彈性、耐磨性和抗老化性能。

當然，橡膠分子不是金剛石，其中的化學鍵並非堅不可摧。對橡膠來說，真正有殺傷力的是一些帶能量的射線，例如紫外線。紫外線可以將分子鏈打斷，降低橡膠的強度，橡膠的老化也主要因此而來。

為了延緩老化的發生，輪胎所使用的橡膠材料會添加炭黑等助劑（因此輪胎都是黑色的）以吸收紫外線，同時炭黑還可以起到補強作用，使輪胎具有足夠的使用硬度。由於狗尿中顯然沒有高能射線，因此與紫外線相比，狗尿對輪胎老化的影響不值一提。

橡膠輪胎耐腐蝕

除了抗老化之外，輪胎還具有優異的耐腐蝕性能——橡膠本身就非常耐腐蝕，例如在工業生產中，酸洗生產線往往採用橡膠內襯[3]，強酸強鹼操作的防護手套也是橡膠的。

雖然沒有找到直接對輪胎橡膠進行的耐腐蝕實驗，不過曾有人對密封橡膠做過此類研究。研究者使用三種密封橡膠（加氫丁腈橡膠），分別在23℃下、濃度為30%的氨水中浸泡28天，隨後發現其斷裂伸長率（用以衡量材料韌性的指標）最高僅下降了18%（這三種橡膠的此項性能平均高達400%，下降18%後仍高達300%以上）；而在70℃下、濃度為3%的硫酸中浸泡28天後，其斷裂伸長率最高僅下降了17%，這說明它們具有很強的耐化學腐蝕性。一般認為，輪胎橡膠的質地比密封橡膠更為緊密，其耐化學腐蝕性也會比研究中所使用的橡膠更強。[4]

狗尿的最主要成分是水，此外還有少量的尿酸和尿素，使得狗尿的pH值一般在5.4~8.4之間（pH值用來表示水溶液中的氫離子濃度）。而上文實驗所用的3%硫酸的氫離子濃度約為0.6莫耳/升，至少是狗尿的15萬倍；而30%氨水的pH值約為11，鹼性亦高出狗尿數百倍。可見狗尿的腐蝕能力對輪胎橡膠來說是多麼微不足道。

除了酸鹼度如此之低，狗尿在輪胎表面的停留時間也很短，能夠有效存留的量就更少了——即使隨著水分的揮發，狗尿的濃度略有上升，但是在橡膠密實穩定的分子面前，其作用幾乎可以忽略。

爆胎，其實另有隱情

流言提到輪胎的側面是最薄弱的地方，而狗恰好都尿在此處，很有可能因為狗尿而在駕駛中發生爆胎，威脅到生命安全。會有這樣的猜測，說明始作俑者對輪胎並不十分瞭解。

我們都知道，輪胎側邊的橡膠層比較薄，但這可不是輪胎的「阿基里斯腱」，爆胎也和側面腐蝕無關。

實際上，爆胎與輪胎內胎（有些一體輪胎沒有單獨的內胎，是將內胎和外胎複合在一起了）的關係更密切。內胎的作用是充盈一定壓力的氣體並保證氣體不會在使用中洩露，以達到避震的效果，常使用氣密性好的丁基橡膠和氯丁橡膠。但內胎一般較軟，強度較低，在應力作用時容易撕裂，發生爆胎，所以必須有外胎的保護。

而提供保護的外胎，強度是由帶束層和簾布層（一般由高強度聚合物纖維織物甚至鋼絲組成）提供，外層橡膠的作用主要是耐磨。所以，輪胎外胎都設定有磨損線，提示磨損情況，防止磨損過度傷及內胎而引起爆裂。

至於輪胎側面，因為不接觸地面，所以沒有磨損的風險，跟爆胎也就關係甚遠了。再加上狗尿沒有滲透到內胎的可能性，也就不會因為直接接觸到內胎而導致爆胎。

相比過度磨損，輪胎欠壓導致的爆胎更容易被人忽視，更可能因為對這類爆胎的原因不瞭解，而往狗尿上找理由。當輪胎欠壓卻做高速運動時，橡膠內部會大量生熱，導致輪胎溫度升高，而高溫下橡膠的力學性能會急劇下降，強度降低，從而發生爆胎。經常檢查胎壓和輪胎磨損情況，及時充氣和更換輪胎才是有效預防爆胎的措施，比提防狗尿意義大多了。

順便談談輪圈

根據流言的邏輯，輪圈的腐蝕主要是因為狗尿是一種含離子的液體，而金屬在離子液體中會形成腐蝕電池，如果腐蝕發生並延續，影響材料強度導致結構破損、車毀人亡什麼的也只是個時間問題。

很遺憾，以上的描述實為聳動聽聞。因為腐蝕主要發生在表面，很難對結構產生影響。實際上，在常見的防腐手段如合金化、電鍍和塗覆等保護下，腐蝕很難發生，而這些方法在輪圈中的應用已經十分成熟，在正常使用的情況下完全不必為表面的腐蝕擔心。

A

謠言粉碎。

從安全角度考慮，各位車主們完全不用為狗狗們到此一遊的動作大動干戈，經常檢查輪胎胎壓和磨損情況才是預防爆胎、最大限度保證行車安全的關鍵。

參|考|資|料

[1] 嚴防新的輪胎殺手——狗尿
[2] 極度測試——狗尿對輪胎的危害
[3] 酸洗線襯膠
[4] 肖風亮，Therban(R)HNBR系列專題講座(八) Therban彈性體耐化學介質性能[J] 世界橡膠工業，2006，33(8)

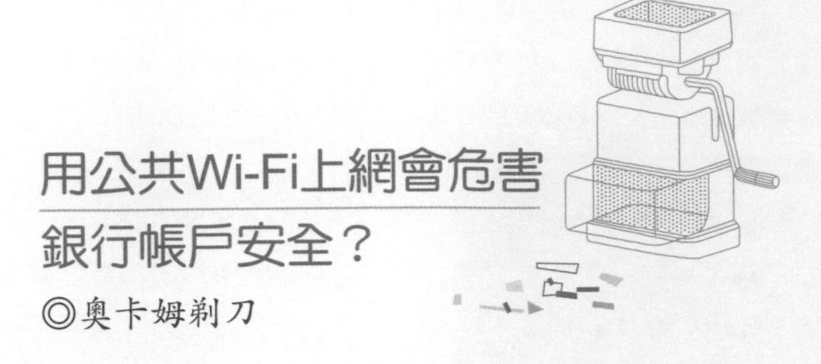

用公共Wi-Fi上網會危害銀行帳戶安全？

◎奧卡姆剃刀

有駭客宣稱，在星巴克、麥當勞這些提供免費Wi-Fi的公共場合，用一台Win7系統電腦、一套無線網絡及一個網路包分析軟體，15分鐘就可以竊取手機上網使用者的個人資訊和密碼。

無論你使用電腦、iPad還是手機，只要通過Wi-Fi上網，資料都有可能被控制這部Wi-Fi設備的駭客電腦截獲到。其實也未必一定是Win7系統，資訊總是有可能被竊取的，其中當然包括未經加密處理的用戶名和密碼資訊。

但是，無論什麼系統的電腦，架設了多麼高級的Wi-Fi熱點，駭客都無法在用戶正確操作下獲取網路銀行和提款卡密碼，更不要說盜竊其中的錢了。

行動銀行帳戶如何保障安全？

使用者可通過手機上的專門用戶端程式，通過WAP方式（即行動上網）與銀行系統建立了連接，並進行帳戶查詢、轉帳、繳費付款、消費支付等金融服務，這種方式被稱為「行動銀行」。與一般上網方式顯著不同的是，其網址的頭三個字母是WAP。手機銀行的帳戶資訊是經過靜態加密處理的，而且與手機綁定，假使他人盜取了你的帳戶資訊，在其他手機上也無法操作。經與銀行客服核對資料，他們稱現在為了方便用戶，已經允許在非指定手機上操作行動銀行帳戶了，但允許操作的資金額度很低。

最重要的是，手機銀行還有認證手續。加密的原理很簡單，其目的是讓非授權使用者即使獲取了資料也無法利用，而認證則是用資料是否被篡改、接收資料的人是不是授權使用者等方面的審查措施，來保證資料是真實可靠的，接收者是被授權的。從採用的具體技術和演算法而言，加密與認證並沒有明顯的區別，但從功能角度而言，兩者非常不同，相互不能取代，並可通過有效配合而達到很高的安全度。

在你輸入了正確的帳號和密碼後，當進行涉及帳戶資金變動的操作時，行動銀行還會提示你輸入特定的電子驗證，而電子驗證就是一種有效的認證手段。不同的銀行可能會採用不同的認證方法，例如中國信託銀行就是通過綁定手機發送手機驗證碼，但都起到了類似的作用。

個人網路銀行如何保障安全

個人網上路行會採用https的加密協定來保障交易安全，結尾比你常見的http多了個「s」。你在電腦上輸入個人網路銀行位址，當跳轉到帳戶資訊輸入頁面時，網址欄就由http變為https了，而且在最後面還多了一隻小掛鎖，這意味著通過這個頁面輸入並傳送的資料，會被128位元的加密演算法進行加密，而只有銀行方面才能正確解密，即使這些加密資料被駭客全部拿到，也毫無用途。網路銀行和第三方支付平台的https頁面和小掛鎖標示，點擊黃色小掛鎖，就會彈出「網站標識」框，可以查看證書情況。

而且，用電腦通過https方式訪問個人網路銀行時，還有認證手續的保護。操作帳戶資金限額的大小與認證手續的強度相匹配：電子驗證的認證強度低，能操作的資金少。使用https協議與個人網路銀行進行連接，這是銀行為了保證安全而採取的強制措施，通過非加密協定傳送的資訊是不會被銀行所接納的。

用過個人網路銀行的網友都會知道，使用前必須安裝銀行提供的安全控制元件，否則帳戶資訊欄是灰色的，根本無法輸入任何資訊。而手機的系統無論是Apple、Android還是Symbian，統統都不支援這個控制項，根本就安裝不了，帳號自然無法輸入，被盜取更是毫無可能。

有些高水準玩家會在手機上裝虛擬機器，這倒是可能安裝上銀行的安全控制項並成功操作個人網路銀行，這時手機就已可看作是台簡易版電腦了，自然也要跟使用普通電腦一樣，通過https這種安全協議與個人網路銀行進行資料交換。

網站上不少帳戶被盜的案例，其實是因為訪問了釣魚網站。他們偽裝成正規的銀行頁面或是付款頁面，騙取你輸入的帳戶名和密碼，而這未必一定需要通過Wi-Fi熱點這種方式來實現，任何上網的方式都有可能上當。不過，公共的Wi-Fi確實提供了植入釣魚網站的潛力，利用ARP欺騙*，可以在用戶瀏覽網站時植入一段HTML代碼，使其自動跳轉到釣魚網站。從這個角度說，公共Wi-Fi網路為使用者提供了一個便利的釣魚環境。

避免被釣魚要注意使用安全：一方面，要對別人發來的網路位址多留心，因為這個位址可能非常接近如露天拍賣、網路銀行的功能變數名稱位址，打開的頁面也幾乎和真實的頁面完全一致，但是實際上你進入的是一個偽裝的釣魚網站；另一方面，

* ARP欺騙，又稱ARP毒化（ARP poisoning，網路上多譯為ARP病毒）或ARP攻擊，是一種針對乙太網路位址解析協議（ARP）的攻擊技術。

儘量選擇具有安全認證功能的瀏覽器，這些瀏覽器能夠自動提示你打開的頁面是否安全，避免進入釣魚網站。對於智慧手機使用者，在下載和交易有關的用戶端軟體時，儘量選擇官方管道下載，不要安裝來路不明的用戶端。

謠言粉碎。

銀行帳戶是否安全與手機是否是通過免費的Wi-Fi上網，並沒有必然的關聯。使用基於WAP用戶端的行動銀行是安全的，用電腦通過https使用個人網上銀行也是安全的。用電腦上個人網路銀行時，請確認https和位址欄後面的小掛鎖標誌。

如果各大網站能在使用者驗證部分使用https，將能更好地保證用戶身份驗證過程的安全，雖然這樣會給網站帶來一筆開銷。希望在一系列詐騙事件爆發之後，引起相關行業人士的重視。

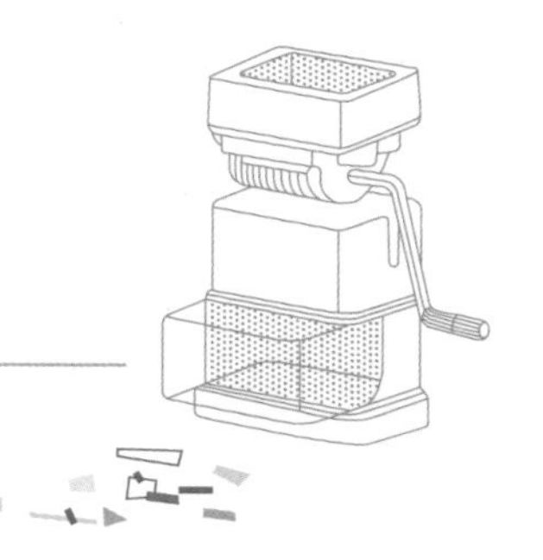

筆帽上的孔究竟有什麼用？

◎蕨代霜蛟

筆帽上有個「救命孔」，當兒童不小心吸入筆帽時，這個不起眼的小孔能讓呼吸道不被完全堵死，爭取寶貴的搶救時間，因此這個空氣孔也被中國列入了強制生產標準。

這條新聞引起了網友們廣泛的討論，也有不少人對「救命」的說法持懷疑態度，認為筆帽上鑽孔的作用不過是平衡氣壓以防打不開蓋而已。筆帽上真的必須要有「救命孔」嗎？它對預防意外究竟有多大作用？

吸入筆帽：確實存在的風險

在全世界範圍內，異物吸入對兒童的生命健康確實有不小的威脅。根據美國疾病預防控制中心（The Centers for Disease Control and Prevention，CDC）的資料，僅2000年一年美國就有160名14歲以下兒童及青少年死於因吸入異物造成的呼吸道阻塞。CDC還特別指出，每一例因異物吸入窒息死亡的案例意味著同時還發生了100多起搶救案例。2001年全美估計有17,537名14歲以下的兒童和青少年因窒息而接受了搶救。

學齡期的兒童經常需要和筆打交道，出於轉移壓力、集中思維或是單純覺得好玩等原因，不少孩子也會把筆帽放進嘴裡，這些行為習慣構成了筆帽吸入的潛在風險。在上述的CDC統計資料中，導致窒息死亡的異物41%為食物，另外59%為非食物類異物[1]。也有文獻報導，在非食物類異物吸入中，筆帽可占到3~8%[4]。由此可見，筆帽引發兒童窒息的風險是確實存在的。在美國兒科學會（The American Academy of Pediatrics，AAP）所列舉的可能造成兒童窒息的日常物品中，筆帽也名列其中，其他需要留意的物品包括硬幣、氣球、彈珠、紐扣電池和玩具的細小部件等。[2]

哪些筆帽要有孔？

根據《中華人民共和國國家標準——學生用品的安全通用要求》中的規定，書寫筆、記號筆、修正筆和水彩筆的筆帽應符合下列三條規定中的至少一條：

1. 筆帽尺寸足夠大（垂直進入直徑為16毫米的量規時，不通過部分大於5毫米）。
2. 筆帽體上需要有一條連續的至少6.8平方毫米的空氣通道。空氣通道可以由筆夾等凸起的部分提供。
3. 筆帽應在室溫最大壓力差1.33千帕下最小通氣量為8升/分鐘。

符合這一標準的合格筆帽上不一定都有孔，不過它們都需要通過增大尺寸或保證通氣的方式來減少吸入窒息風險。

類似的規定並非中國獨有，事實上前面提到的國家標準中對於筆帽的安全性技術指標和試驗方法採用的恰恰就是國際標準組織ISO11540：1993《書寫筆和記號筆上帽——安全要求》[3]中的標準。在這點上，中國是與國際接軌的。

不過此處值得順便一提的是，這裡的標準針對的是14歲或以下兒童所使用的筆。彰顯身份的珠寶筆、高級鋼筆，或者專業人士所用的繪圖筆等等，這些通常只有成年人才會使用的筆種不屬於本標準的適用範圍。

空氣通道的用處有多大？

異物吸入是件相當危險的事情，如果堵住了主要的氣道，隨之而來的窒息會迅速對機體產生傷害。窒息導致的缺氧只要持續四分鐘以上，即可造成不可逆的腦損害甚至死亡。這時，必須立即採取急救措施。

一般情況下，哈姆立克急救法或者硬質氣管鏡下的異物鉗取術是搶救異物阻塞的法寶。然而，當筆帽誤入呼吸道時，急救過程可能會面臨更加嚴峻的挑戰。筆帽具有若干特別棘手的特性：它們的尺寸和形狀都與人的呼吸道特別「適配」，其材質往往堅硬而缺乏彈性，且表面十分光滑。這些特性使得筆帽可能會嚴絲合縫地卡住呼吸道，使救治措施難以順利施行。不僅如此，X光檢查也可能不能保證及時發現塑膠材質的筆帽。由於這些因素的作用，實際取出筆帽、解除阻塞所需的時間可能會遠遠超過最佳的搶救時限。

而如果筆帽上預留了能保證足夠通氣量的空氣通道，情況就會大不相同。即使筆帽不能被很快取出，呼吸道也不至於被它完全堵塞。這樣至少能免除性命之虞，為治療贏得足夠多的時間。

筆帽上空氣通道的重要性，一個真實的案例也可以說明[4]：一名九歲的邁阿密兒童，由於上呼吸道症狀而到醫院就診。這個孩子在此之前吞入一個塑膠筆帽，然而在X光片上卻沒有發現異常。之後孩子仍然持續咳嗽，還出現了氣喘症狀，因此邁阿密兒童醫院決定實施支氣管鏡下異物鉗取術。手術中，醫生發現了一個塑膠材質的圓柱狀異物完全堵塞了呼吸道——正是一支筆帽。萬幸的是，這支筆帽的中心處開了一個孔，空氣得以流通並向支氣管末梢持續供氧，為這位可憐的孩子減少性命之憂。即便如此，治療依舊進行得相當艱難：異物鉗無法抓緊筆帽——塑膠材質的表面實在太光滑了。最後醫院不得不採用其他方案將筆帽取了出來。試想，如果孩子吸入的筆帽上沒有空氣通道，是絕對不可能贏得將近20天的時間緩衝的。

謠言粉碎。

由此可見，在筆帽上設計空氣通道對於防範兒童意外窒息確實有重要的作用，國際上對此也有相關的明確規定。在給小朋友挑選文具、玩具等用品時，窒息風險也是值得認真考慮的因素。

參|考|資|料

[1] Nonfatal Choking-Related Episodes Among Children—United States, 2001.

[2] Choking Prevention and First Aid for Infants and Children.

[3] Writing and marking instruments: Specification for caps to reduce the risk of asphyxiation.

[4] Federico G. Seifartha, Jason Trianab and Colin G. Knight. Aspiration of a perforated pen cap: complete tracheal obstruction without radiologic evidence[J]. Annals of Pediatric Surgery, Vol 8, No. 1 (2012).

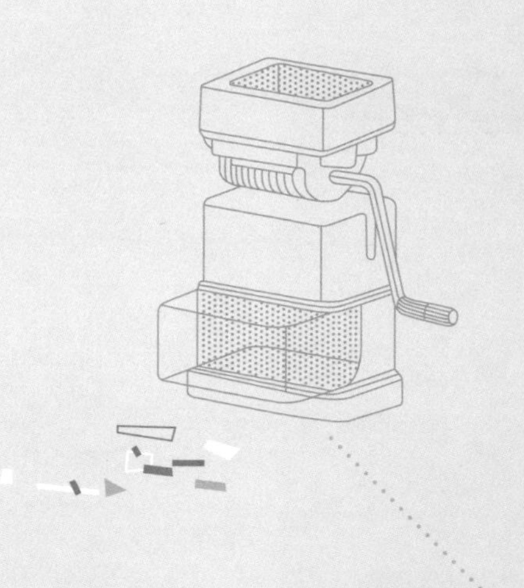

3

第三章 /
科學招謠

豬籠草，並非滅蚊能手

◎風飛雪

家裡蚊子太多？買株豬籠草試試吧！在家裡擺放上食蟲植物豬籠草，它會在籠口處散發芳香以吸引蚊子，蚊子一旦落入籠底，就會被籠中液體淹溺而死，並慢慢被消化吸收。吃蚊子又不傷人，何不來一株？

誠然，豬籠草們最引人注目的特點就是它那獨特的食蟲能力。不過，真想依靠在家裡擺上豬籠草讓蚊子自投羅網，這只是人們的美好願望（說白了就是一廂情願）罷了。要是豬籠草能知道人們的想法，一定會暗吐苦水：「臣妾真的做不到啊！」

捕蟲：迫不得已的選擇

豬籠草最引人注目的特點，就是一個個瓶子一樣的捕蟲籠，奇異的外貌讓它成了花市裡的寵兒。其實這個捕蟲籠，本質上是一片變態的葉子。在豬籠草葉片發育過程中，豬籠草葉片尖端會長出一根卷鬚，以此來攀附在其他植物上。隨後，卷鬚的頂端膨大成為杯狀，並產生了一片心形或卵形的「蓋子」。隨著蓋子的打開，一個新的「瓶子」就長成了。不過這個蓋子在捕蟲後並不會關閉。蓋子的作用主要是吸引獵物，以及防止雨水進入瓶內。

豬籠草實際上是一個很大的類群，全部歸為豬籠草科（Nepenthaceae）、豬籠草屬（Nepenthes），原生物種大約有150種左右。豬籠草原產於熱帶、亞熱帶，中國南部、東南亞和澳大利亞北部，以及馬達加斯加島東部的叢林和岩壁地區都是豬籠草的分佈區域。中國野生的只有奇異豬籠草（Nepenthes mirabilis）一種，花市裡賣的豬籠草，大多是雜交的園藝品種。

豬籠草長出捕蟲籠，並不是為了捕捉昆蟲「嘗嘗鮮」，而是一種必要的生存手段。在熱帶叢林中的生活是十分艱苦的，大量雨水的沖淋以及高溫使得雨林土壤中的氮素流失很快，對於攀附生活的豬籠草來說，獲得氮素就更為困難。幸好，雨林中數量眾多的昆蟲是一個氮元素的良好來源，於是選擇的壓力使得它的葉片發生變態，成了吸引人目光的捕蟲瓶。

捕什麼蟲？

商家宣傳「豬籠草可以滅蚊」，實際上是對豬籠草的捕蟲能力誇大了。其實，蚊子並非豬籠草的「正餐」。說來很多人難以置信，對於大多數豬籠草來說，它的主食是螞蟻等陸生蟲類。

螞蟻實際上是一類嗜糖如命的昆蟲。我們小時候都有這樣的印象，如果不小心把一塊糖掉到地上，一會兒就會招來大群螞蟻。豬籠草就是充分利用了螞蟻嗜糖的天性。豬籠草的瓶口具有分泌含糖蜜露的腺體，這些蜜露不僅能夠吸引螞蟻，而且會在瓶口形成了一個糖液的薄層，這一薄層配合瓶口表面特殊的細胞結構，使得它如同沾了水的瓷磚一樣濕滑[1]。當貪吃的螞蟻被蜜露吸引爬上瓶口後，一不留神就會滑落到瓶內，淹沒在消化液中。這些液體實際上是豬籠草瓶子底部的腺體分泌的，含有幾丁質酶、蛋白酶、脂肪酶等酶類，黏性很強[2]。而且液面之上的瓶內壁位置覆蓋了蠟質，無處攀附，因此落入其中的昆蟲幾乎就是死路一條。

為了更有效地捕食螞蟻，有的豬籠草還在葉柄、瓶身上也分泌蜜露，形成一條「蜜露之路」，讓獵物一路吃過來，最終落入陷阱。豬籠草對螞蟻的捕食效率十分高，有時剝開一個豬籠草的捕蟲瓶，可以發現裡面幾乎塞滿了螞蟻。此外一些和螞蟻一樣數量巨大的昆蟲也是豬籠草的捕食目標，例如有一種豬籠草（N. albomarginata）就主要以白蟻為誘捕對象。此外蜘蛛、蟋蟀等也是豬籠草陷阱中的常客。

當然，能夠飛行的昆蟲也是蛋白質的來源，為了誘捕能夠飛行的昆蟲，很多豬籠草特別長出了另一種類型的捕蟲瓶，稱作上位瓶。相對於位於下部，瓶身較為直立、胖大，以捕捉陸生昆蟲為主的下位瓶，上位瓶的瓶身更纖細，瓶口更大，呈漏斗狀。此外，上位瓶的瓶口對於紫外線有著特殊的反射能力，這對於依靠紫外線尋訪食物的蜂類、蝶類和蠅類來說，有著更強的吸引力[3]。

滅蚊不善，養蚊為患

從上面可以看出，豬籠草誘捕的主要對象並非蚊子。事實上，吸人血的蚊子都是雌蚊，它們能夠感受到的是人體呼出的二氧化碳，以及人體表散發的紅外線。對於豬籠草的蜜露和紫外線，雌蚊是不屑一顧的。因此，在家種植豬籠草，最多能誘捕到一些以植物汁液為食的雄蚊，對真正令人厭惡的雌蚊是無效的。而且，要是住家的樓層比較低，可能更要擔心的是它會吸引螞蟻等動物前來覓食。豬籠草非但滅蚊效果不好，有時它的「瓶子」甚至還會成為滋生蚊子的溫床。有報導顯示，有多種蚊子（包括白線斑蚊在內）會在豬籠草下位瓶的消化液內產卵，並完成孵化和羽化過程[4]。此時的捕蟲瓶，反而成了蚊子滋生的良好場所。

為什麼豬籠草不將蚊子吃掉呢？這可能是一種「畜養」的模式——如果單純誘捕蚊子，那麼對於豬籠草本身的誘捕機制就要進行很大程度的改造，這在演化上並不經濟；而允許蚊子在瓶中產卵，一方面可以隨機捕捉一些不慎失足的前來產卵或羽化的蚊子，另一方面孑孓以獵物為食，也可以起到幫助消化分解獵物的作用。同時，羽化的蚊子還能吸引螳螂、蜘蛛等捕食性昆蟲前來捕食，而後者則是更可觀的氮元素來源。而對於蚊子來說，這筆「交易」也是划算的——雖然損失了一些個體，但卻能夠得到一個受環境擾動較小的產卵環境。於是，捕食者和獵物之間，達成了一種微妙的平衡——不過這種平衡，卻是想要遠離蚊子的我們所不希望看到的。

謠言粉碎。

豬籠草對蚊子的捕獲效率實在太低，有時它們的捕蟲瓶甚至還會成為蚊子的滋生地，因此指望它們滅蚊實在不可靠。此外，由於豬籠草原產於高濕度的叢林環境，因此它對空氣濕度尤為敏感，對於生活在較乾燥地區的家庭，溫度、濕度等環境因素很難達到豬籠草正常生活的要求，因此買回的豬籠草一旦照顧不周，就會不再長瓶子，而已有的捕蟲瓶也會萎蔫、乾枯，最終植株死亡。所以說，如果僅僅是看到「能滅蚊」的消息就動心想購買豬籠草的朋友，還是三思而後行吧。

參|考|資|料

[1] Insect aquaplaning: Nepenthes pitcher plants capture prey with the peristome, a fully wettable water-lubricated anisotropic surface，PNAS，2004,101 (39)

[2] 胡博，黃春洪，趙文亭。豬籠草消化液成分及其應用價值研究進展，生命科學，2012,24(2).

[3] Morgan, J. A. Pitcher dimorphism, prey composition and the mechanisms of prey attraction in the pitcher plant Nepenthes rafflesiana in Borneo, Journal of Ecology, 1996,10 (3).

[4] Mogi, M Unusual Life History Traits of Aedes(Stegomyia) Mosquitoes(Diptera: Culicidae) Inhabiting Nepenthes Pitchers, Annals of the Entomological Society of America, 2010,103(4).

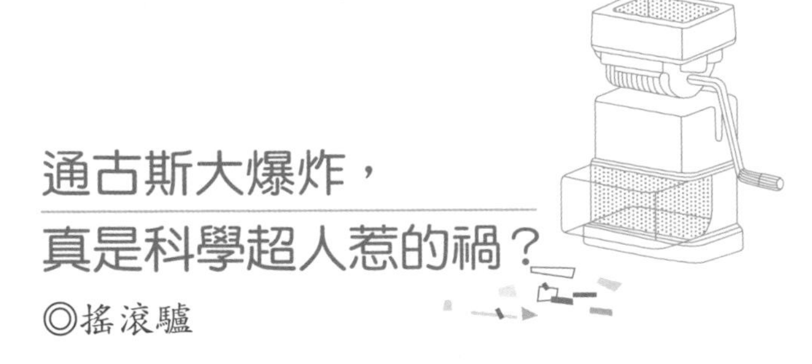

通古斯大爆炸，真是科學超人惹的禍？

◎搖滾驢

Q

由中國央視播出的紀錄片《科學超人尼古拉·特斯拉》以著名的俄羅斯通古斯大爆炸展開，認為特斯拉（Nikola Tesla）「要對這場通古斯大災難負全部責任」。

雖然這部紀錄片中充斥著「專家」的訪談，但大部分的內容並沒有科學依據，甚至可以說是偽科學。原本大家就對特斯拉不甚瞭解，現在更蒙上了一層神秘的面紗。通古斯大爆炸怎麼會和特斯拉扯上關係呢？讓我們娓娓道來。

所謂通古斯大爆炸

通古斯大爆炸是1908年6月30日上午7時14分發生在俄羅斯通古斯河附近的巨大爆炸事件[1]。爆炸的TNT當量約為15百萬噸到20百萬噸[2]，威力大約是廣島核彈的1000倍[3]。關於通古斯爆炸原因的假說很多，包括天體空中爆炸、彗星撞擊、天然氫彈、反物質爆炸、外星飛船墜毀等等。「通古斯大爆炸由特斯拉的沃登克里弗塔（Wardenclyffe Tower，又稱特斯拉塔）無線電能傳輸實驗造成」這項傳言始於1990年奧利弗．尼徹爾森（Oliver Nichelson）在《命運》雜誌上發表的文章，後來他又對其進行了修改，認為特斯拉有動機和能力製造通古斯大爆炸[4]。

紀錄片其實是「臆想片」

《科學超人尼古拉．特斯拉》雖說是紀錄片，但其中許多內容的真實性很值得懷疑，甚至可以說是荒誕不經。為了說明特斯拉與通古斯大爆炸的關係，片中做了大量的聯想和猜測，卻沒有能夠提供可靠的事實和科學依據。片中出現了多位「專家」，為出現在特斯拉身邊的神奇事物背書：特斯拉有預言能力，預言了鐵達尼號的沉沒和兩次世界大戰；特斯拉有超能力，能夠「沒有障礙地進入空間和時間旅行」，還創造了「超長意識軸」、「內視」等名詞，聲稱「腦脈衝可以讓鐳射束發生偏轉，人的意識可以改變數千里外水的pH值」。但除此之外，我們找不到其他支持這些說法的可靠事實證據和合理的科學解釋。

仔細觀察的觀眾會發現，這一紀錄片由兩種語言錄製（俄語和英語），而且拍攝風格不盡相同。事實上，該紀錄片是由俄國自由作家兼編導維塔利·普拉夫迪夫切夫拍攝的「紀錄片」《特斯拉：世界之王》和PBS紀錄片《特斯拉：閃電的主人》拼湊而成的，其中的主要線索來自俄國編導的「紀錄片」。怎麼來介紹這位編導呢？只能說他的想像力天馬行空，對特異功能、外星生命、歷史之謎、陰謀論等話題特別感興趣，這從他拍攝的其他作品就可以感受出來：《通古斯入侵一百年》（特斯拉拯救地球）、《第三帝國的飛碟》、《月球秘密區》等[5]。這樣的影片非但沒有起到傳播科學知識的作用，反而誤導觀眾接受了許多不實的錯誤資訊。

為什麼會出現「是特斯拉的實驗造成了通古斯大爆炸」這項傳言呢？還得從特斯拉的全球無線電能傳輸構想和為此建造的沃登克里弗塔說起。

特斯拉：從無線電能傳輸到粒子武器

特斯拉一生發明無數，其中最具華彩的是交流輸電系統和無線電的發明，由他設計完成的尼亞加拉水電站帶領美國進入了真正的電氣時代。不僅如此，他也拍攝了世界第一張X光照片，發明了第一台無線控機器、發動機火花塞、霓虹燈，以及許多其他新事物。同時他還預言：未來人類將用天線接收太陽能，通過電能控制天氣變化，所有國家都將納入全球廣播系統（有人說這是網際網路的模型），此人可謂是真正的「預言家」[6]。雖然特斯拉成就非凡，他最終的夢想——全球無線電能傳輸卻遭到了失敗，導致他晚年落魄，也為後人留下了無盡的傳說。

特斯拉在雷雨中得到了靈感，發現閃電就是一種電能的無線傳輸，於是他希望利用人造閃電來實現全球無線電能傳輸的夢想。他改進了特斯拉線圈*，發明了放大發射機。這是一種空氣芯多級諧振的變壓器，可以產生極高的電壓。空氣在高壓作用下電離成為導體，在發送和接收的兩個導體間形成人工閃電，從而輸送電能。

1893年在芝加哥世博會上，特斯拉展示了他的無線磷光照明燈，沒有用任何導線連接的燈泡神奇地發出了光芒，震撼了所有在場的觀眾[8]。後來，特斯拉先後在科羅拉多斯普林斯和沃登克里弗建設高塔，並在長島點亮了25英里（約40公里）外的氖氣探照明燈。

但無線傳輸終究有很難跨越的鴻溝，因為無線能量傳輸的對象是電能而不是電信號。無線電波的彌散對於無線通訊並非壞事，但給無線輸電帶來了很大的困難——隨著空間距離增大，電能傳輸會迅速衰減，傳輸效率無法得到保證。

雖然沃登克里弗塔並沒有實現特斯拉的全球輸電設想，卻啟發他提出了粒子束武器的概念。這座高塔曾被美國媒體稱為「百

* 特斯拉線圈是無線輸電實驗設備的基礎。這種諧振變壓器電路是特斯拉在1891年發明的[7]，可以生成高壓低電流的高頻交流電。特斯拉線圈通常包括兩組（或是三組）耦合諧振電路，通過初級的諧振電路向變壓器次級傳遞能量。也就是說，交流電源先通過高壓變壓器給電容充電，當電容電壓達到放電器的放電閾值時，放電器打火，高壓電容和初級線圈形成高頻振盪器，向次級傳送能量。特斯拉正是利用它製造了大名鼎鼎的人工閃電和無線通訊設備。

萬美元的廢物」。但事實上，如果把地球電離層看作線圈，全球傳輸並非不可能，只是存在效率問題。如今美國軍方的主動極光工程（HAARP），通過巨大的天線陣列向電離層發出高頻電波，激發部分電離層，以研究電離層在發展無線電通訊增強技術和監視技術的潛力[9]，就來源於特斯拉的設想。

不過，說到讓特斯拉披上神棍外衣的發明，那就非遠距打擊（teleforce）莫屬。這是一種帶電粒子束發射器，最初發表在1934年7月11日的《紐約太陽報》和《紐約時代週刊》上[10]。它由特斯拉線圈和特製開放性真空管組成，根據特斯拉的設想，它可以把液態的鎢或汞粒子加速到音速的48倍，通過靜電斥力把粒子定向射出。

雖然特斯拉提出的概念極度超前地預言了如今的粒子武器的到來，但它一直是一種設想，沒有直接證據證明這種設備真的存在過。他曾向自己的祖國——南斯拉夫推銷這種發明，提出了建設死亡射線設備的地點，後來又為美國國防部和英國設計方案[11]，但都沒有得到採用。最終，它成了情報局的收藏品。

通古斯大爆炸仍是謎

在瞭解了特斯拉和他的沃登克里弗塔以後，我們可以發現，將通古斯大爆炸和特斯拉聯繫起來，更多的是穿鑿附會的結果。下面分析一下幾個疑點：

疑點1：1908年的沃登克里弗塔

1908年，也就是通古斯大爆炸的同一年，沃登克里弗塔基本上已經停用，很難進行大規模的實驗。特斯拉的研究資金主要來源於摩根對其發展全球廣播系統的贊助和特斯拉的交流電機專利（摩根是美國近代金融史上最著名的金融巨頭，曾經擁有影響美國經濟的實力，鐵達尼號就是由他的財團出資建造）。1901年，馬可尼的無線電設備實現跨洋傳送，對特斯拉的全球廣播系統研究造成了很大的打擊。由於不堪承受巨額的電費和看似無底的投資，摩根於1904年撤出了資金。1905年，特斯拉的交流電機專利也到期了，特斯拉再也無力負擔沃登克里弗塔的費用。到1906年，實驗室的員工全部撤出，沃登克里弗塔正式停用。

疑點2：電能真的能到達通古斯嗎？

懷疑特斯拉導致通古斯大爆炸的「證據」之一是：通古斯所在緯度與特斯拉的電塔所在緯度相同。但實際上，電塔建造地紐約長島和科羅拉多與通古斯在緯度上並不接近。此外，遠距離無線電力傳輸的定向性很差，所以利用它實現遠距離精確打擊很困難，而且由於無線電能傳輸的彌散性，以當時的技術水準，即使沃登克里弗塔曾瞄準通古斯發射過高聚能電磁波，也無法以可觀的能量到達遠在10,000公里以外的俄羅斯。

通古斯大爆炸的科學探索

儘管特斯拉的實驗幾乎不可能造成通古斯爆炸，但科學界至今仍未確定通古斯大爆炸的原因。不過，對岩土成分的研究為謎底的破解帶來了曙光。

1997年，中國科學院高能物理研究所的侯泉林、馬配學通過對通古斯地區的沉積層樣品分析發現，樣本中元素存在異常，並以此推測是地外物質增加引起的，很可能是由隕石撞擊造成[12]。

2007年6月，博洛尼亞大學的科學家發現通古斯附近的切科湖可能是由爆炸時的隕石碎片撞擊形成。在1961年，有科學家對該湖進行了考察，認為湖床的地質年齡在5,000年以上[13]。但最近的研究發現，只有一公尺的湖床是正常沉積層，湖床的真正年齡應在100年左右[14]，同時湖床的圓錐形也與隕石坑相符。博洛尼亞大學的網站上發佈了這些科學家的結論：「靠近通古斯大爆炸震源中心的切科湖，有可能是天體碎片形成的隕石坑。」他們研究了湖床中的成分，認為湖泊的形成時間應該在1908年左右[15]。目前研究仍在進行中，若能得到湖中深層土芯的樣本，也許這個百年之謎就會揭開。

A

謠言粉碎。

無疑，特斯拉是一位偉大的發明家，他的許多發明改變和影響著這個世界。但我們對他的生平事蹟瞭解太少，因此更需要能真實反映特斯拉其人其事的作品，至於那些充斥著偽科學的所謂「紀錄片」，還是省省吧！

參|考|資|料

[1] Pasechnik, I. P. Refinement of the moment of explosion of the Tunguska meteorite from the seismic data. – Cosmic Matter and the Earth. Novosibirsk: Nauka, 1986.

[2] Shoemaker Eugene (1983). "Asteroid and Comet Bombardment of the Earth". Annual Review of Earth and Planetary Sciences (US Geological Survey, Flagstaff, Arizona: Annual Review of Earth and Planetary Sciences) 11 (1)

[3] Verma, Surendra. The Tunguska Fireball: Solving One of the Great Mysteries of the 20th century, Icon Books, Cambridge, 2005.

[4] Nichelson Oliver. "Tesla' s death ray" Fate 1990 and "Tesla's Fuelless Generator and Wireless Power Transmission" 1995.

[5] 科學超人是怎樣被「神棍」化的？

[6] Tesla, Nikola (1900). "The Problem of Increasing Human Energy". The Century Magazine.

[7] Uth, Robert (December 12, 2000). "Tesla coil". Tesla: Master of Lightning. PBS.org. Retrieved 2008-05-20.

[8] "Electricity at the Columbian Exposition" By John Patrick Barrett. 1894.

[9] Purpose and Objectives of the HAARP Program". HAARP. Retrieved 2009-09-27.

[10] "Beam to Kill Army at 200 Miles, Tesla's Claim On 78th Birthday". New York Herald Tribune. July 11, 1934. Retrieved 2007-07-21.

[11] "'Death Ray' for Planes". New York Times. September 22, 1940. Retrieved 2007-07-21. "Nikola Tesla, one of the truly great inventors who celebrated his eighty-fourth birthday on July 10, tells the writer that he stands ready to divulge to the United States government the secret of his 'teleforce,' of which he said, 'airplane motors would be melted at a distance of 250 miles, so that an invisible 'Chinese Wall of Defense' would be built around the country against any enemy attack by an enemy air force, no matter how large.'"

[12] 侯泉林，馬配學，1908年俄羅斯通古斯大爆炸的地球化學特徵和爆炸物體的估計地質論評，Geological Review，1997年02期。

[13] Florenskiy, K P (1963). "Preliminary results from the 1961 combined Tunguska meteorite expedition". Meteoritica 13.Retrieved 2007-06-26.

[14] "A possible impact crater for the 1908 Tunguska Event", Department of Physics, University of Bolongna.

[15] Luca Gasperini, Enrico Bonatti, Sonia Albertazzi, Luisa Forlani, Carla A. Accorsi, Giuseppe Longo, Mariangela Ravaioli, Francesca Alvisi, Alina Polonia and Fabio Sacchetti: Sediments from Lake Cheko (Siberia), a possible impact crater for the 1908 Tunguska Event

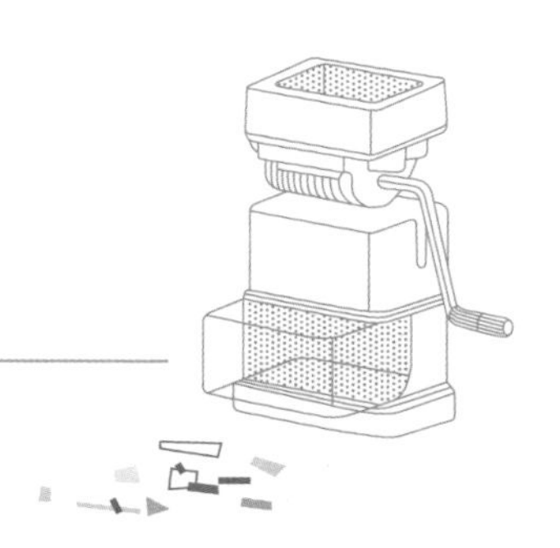

人是從水裡進化而來的嗎？

◎擬南芥

Q

人從哪裡來？學術界一般認為，人類源自東非大陸。在那裡，原始的人類開始與其他人科動物分離，出現獨特的特徵，並在五萬至十萬年之間遷移出非洲，到達世界各地，成為現代人類的直接祖先。不過，歷史上也有一些學者提出了一些別出心裁的觀點，認為人類是從水中來的，並經歷了一個名為「水猿」的階段。

水猿論如何興起

該論說的代表人物是英國海洋生物學家阿利斯特·哈代（Alister Hardy）。早在20世紀30年代，哈代就在思考人從水中來的可能性。但是直到1960年，他才在英國潛水協會的一次會議上提出了自己的觀點。哈代的發言隨後被媒體斷章取義、廣為傳播，讓他覺得有必要仔細解釋一下。正好，科普雜誌《新科學家》（New Scientist）向他約稿， Hardy就利用這個機會，花了四頁的篇幅，詳細描述了他的假說[1]。

哈代在文章中寫道，陸地物種在進化的過程中，因為棲息地和食物不足，會逐漸向水中發展，並最終適應了水生環境。爬行動物中的海龜和海蛇，哺乳動物中的鯨魚和海豹都是這樣的例子。他認為，人類在演變的過程中也經過了類似的階段。我們的祖先因陸地資源的限制，被迫進入淺海尋找食物。這些人類的祖先越來越適應海洋環境，最終變成了一種水生的哺乳動物。

此後，水猿論經過了一些修改。其中，一個重要的人物是電視編劇伊蓮·摩根（Elaine Morgan），她寫了多本暢銷書，介紹和推廣水猿論。

水猿論認為，人類有一些和其他人科動物所沒有的特徵，這些特徵卻可以在水生動物身上被找到。這些特徵包括：

1. 人類不像其他靈長動物一樣體被濃密的毛髮，而水生哺乳動物因為需要減小水中的摩擦作用，體毛也很稀疏。

2. 為了彌補失去毛髮帶來的熱量損失，水生哺乳動物有明顯的皮下脂肪層，這和人類相似。而其他靈長目動物都不具有明顯的皮下脂肪層。

3. 人類可以控制呼吸，可以暫時憋氣，這種特徵可以游泳和潛水。而且人類還有下沉的喉部（larynx）可以用嘴呼吸。而黑猩猩和大猩猩都不具備這些特點。

另外，哈代還注意到，在古人類化石的歷史紀錄中，存在著一片從800萬年前到400萬年前的空白。哈代認為，這段空白期也正是水猿存在的時間。水猿有可能成了大型海洋生物的食物，或是在熱帶海域裡腐爛得屍骨無存，因此沒有留下任何化石。

一直被否定，從未被接受

然而，上面列出的理由只是水猿論的動機，而非堅實的科學證據。如同一個人有犯罪動機並不代表他就是罪犯一樣，某種假說具有解釋現象的潛力，並不代表它就是有意義的科學理論。

如何判斷某個假說對現象的解釋是否成立呢？首先，這個理論假說必須在邏輯上具有一致性（consistencyu，又稱自洽），不能自相矛盾。其次，這種假說要能解釋一些現有理論不能解釋的現象（或能更好地解釋這些現象），否則就會被奧卡姆剃刀剃掉*。例如，如果人類那些和海洋動物看似相似的特徵，的確無法用陸生進化史解釋，那麼水猿論就會被加上一些砝碼。最後，這種假說必須要有足夠的證據支持，並且不能和已有的證據矛盾。

就這幾項標準而言，水猿論一個也滿足不了。

哈代並沒有注意到他羅列出的理由並不自洽。他認為，人類在排汗的過程中會損失大量的鹽分，而這種特徵不能適應除了海洋以外的其他環境。但是，出汗同樣不是海洋動物的特徵，這條理由並不符合人和海洋動物相似的大前提。

除了不自洽以外，水猿論一直缺乏證據。這個假說從來沒有被仔細地在學術雜誌上進行闡述，也沒有接受科學共同體的檢驗。哈代本人作為一名海洋生物學家，並沒有在人類進化領域花費過多的精力。而此後的水猿論的代表人物伊蓮・摩根更非學界中人。她有很好的講故事的技巧，可以讓水猿理論在公眾中廣泛地傳播，卻缺乏尋找科學證據的能力。

其實，水猿理論不僅僅是一種缺乏證據的理論，而且還是一個被現有的證據否定的理論。在哈代的年代，人類進化史上的化石紀錄還存在著大片空白，而且人類起源的年代也不確定。那時的古人類學家估計人類起源於1,400萬年前左右。但是此後發展出的分子生物學技術把人類和黑猩猩的分離時間推後到了600萬年前。這樣，就從時間軸的一端壓縮了水猿存在的可能性。而在時間軸的另一端，很多古人類的化石在最近幾十年中被陸續發現，這些新發現的古人類都是陸棲動物，例如生活在440萬年前的地

＊ 奧卡姆剃刀原則，由14世紀的邏輯學家和修士奧卡姆的威廉（William of Occam）提出，內容包括「如無必要，勿增實體」、「用較少的東西，同樣可以做好的事情」。現代科學界已經接受了奧卡姆剃刀原理作為發展理論的原則。如果兩種處於競爭地位的理論的解釋效果相同，就接受簡單的那個。如果一個理論（如水猿理論）既沒有證據支持，又不能解釋已有科學理論不能解釋的現象，就不會被承認。類似的，如果一個東西（如上帝）的存在無法證明或證否，又不能解釋科學解釋不了的現象，就不會成為科學研究的對象

猿始祖種（Ardipithecus ramidus）和320萬年前的南方古猿阿爾法種（Australopithecus afarensis）。這樣，留給水猿的時間就被壓縮到了短短的200多萬年。但是，水猿論列出的那些在水中進化出的特徵很難在100萬年之內完成。相反，有許多證據證明這些特徵其實是陸生古人類在好幾百萬年裡慢慢形成的。從化石記錄中可以清楚地發現，腦容量是逐漸增加的。直到400多萬年前，古人類的腦容量還不比黑猩猩大多少[2]。

哈代和摩根認為，直立行走也是水猿在水中進化出的能力，而根據出土的化石，440萬年前的地猿始祖種尚未進化出徹底的直立行走能力，他們還不能完全脫離林地生活[3]。所以根據哈代和摩根的理論，水猿不可能出現在地猿始祖種之前。而地猿始祖種之後的古人類化石記錄相對豐富，並且分散在整條時間軸上，同樣沒有為水猿保留一席之地。

那麼，這些疑問應該如何解答？

既然科學界長期以來並未接受水猿論，而且過去半個世紀中被發現的古人類化石給了水猿論沉重的一擊，那麼，為什麼人類會具有那麼多近親物種並不存在的特徵呢？其實，用已有的人類進化的理論，同樣可以很好地解釋這一現象。1997年，美國生物學家朗頓（John Langdon）在《人類進化學雜誌》（Journal of Human Evolution）上發文，總結了對這些現象的解釋[4]。

1. 為什麼人類體表幾乎無毛？

一般認為，人類在從樹林到草原以後，在捕獵的過程中需要良好的散熱能力，所以逐漸失去了濃密的體毛。事實上，並非所有可以在水裡生活的哺乳動物都會出現體毛稀疏的特徵，而往往是那些需要在深海中作長距離游泳的哺乳動物才會脫去體毛。不過這些動物同時也會出現另外一些與之伴隨的極端特徵，例如四肢退化，身體呈流線型等；而一些適應了水生環境的動物（例如北極熊）還保留著牠們的體毛[5]。

2. 為什麼人類有皮下脂肪層？

水猿論認為，海洋哺乳動物的皮下脂肪是用來保暖的。因為在海裡的動物如果有大量的體毛，會增加游泳的阻力，所以就用皮下脂肪代替了體毛。不過，皮下脂肪的產生並非只有保暖一種用途，它也可以用來儲存能量，這些能量既可以被大腦所用，也可以讓人類長距離地遷移和奔跑[6]。而且，因為皮下脂肪可以讓血管通過，所以人體可以通過調節血流量的方式來保暖或者散熱，而體毛中不可能存在血管，也就不具有這麼靈活的體溫調節方式，這也是皮下脂肪比體毛佔優勢的地方之一[4]。

3. 為什麼人類會控制呼吸？

人類的呼吸是自主的，這是雙足行走的結果。僅僅利用下肢行走可以解放軀幹上部的肌肉，用來控制呼吸。控制呼吸有選擇上的優勢，為語言發音的產生提供了必要的條件。

A

謠言粉碎。

水猿論是一個科學家提出的關於人類進化的假說，但是卻沒有按照學術界承認的方法發表正式的論文，接受檢驗。它從一開始就只有片面向公眾傳播。水猿論存在的內在矛盾，缺乏足夠的證據支撐，而且還和很多已有的科學證據矛盾，因此這項假說一直不被科學界認可。

參|考|資|料

[1] Hardy, Was man more aquatic in the past? The New Scientist,1960.

[2] Kimbel WH, Variation in the pattern of cranial venoussinuses and hominid phylogeny. Am J Phys Anthrop ,1984,63.

[3] White, Tim D.; Asfaw, Berhane; Beyene, Yonas; Haile-Selassie, Yohannes; Lovejoy, C. Owen; Suwa, Gen; WoldeGabriel, Giday (2009). "Ardipithecus ramidus and the Paleobiology of Early Hominids.". Science 326 (5949).

[4] (1, 2) Langdon JH. (2009). " Umbrella hypotheses and parsimony in human evolution: a critique of the Aquatic Ape Hypothesis.". J Hum Evol. 33(4).

[5] Rantala MJ. (2007)."The evolution of nakedness in Homo sapiens ". Journal of Zoology.273.

[6] Langdon JH. (2005)."The Human Strategy: An Evolutionary Perspective on Human Anatomy". Oxford University Press.

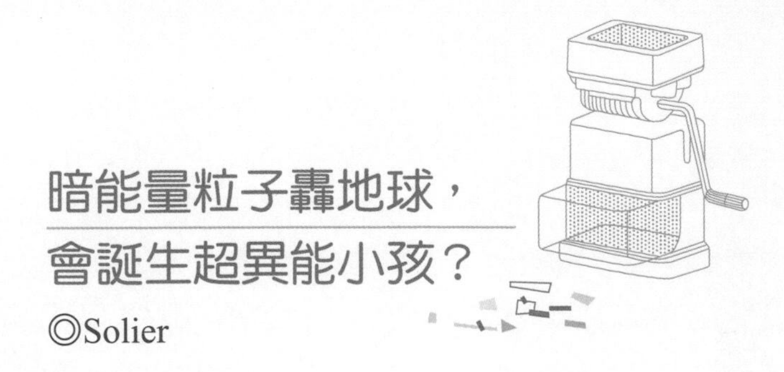

暗能量粒子轟地球，會誕生超異能小孩？

◎Solier

銀河系的暗能量粒子轟擊胎兒，其DNA可能與常人不同。有部分的孩子生長至五到六歲時會出現超能力。

沒有任何證據顯示暗能量是以粒子的形態存在著的，常見的宇宙射線對生活在地球上的人的DNA也很難有什麼大影響。最常見的來自宇宙的損傷DNA的物質，實際上是陽光中的紫外線。

暗能量是什麼？

流言中的暗能量粒子到底是什麼東西呢？我們要先從什麼是暗能量說起。按照最基礎的牛頓萬有引力的原理，萬有引力是一種吸引力，那麼宇宙就應該在引力的作用下做減速膨脹甚至坍縮。但是實際的觀測卻表明，宇宙其實在做加速膨脹，物理學家於是猜測有一種我們所不知道的東西在天文學的大尺度上展現出了反引力的特性，這樣才能推動宇宙進行加速膨脹。這個神秘的東西就被稱為暗能量。

另外，根據2003年美國發射的威爾金森微波各向異性探測器（WMAP）對宇宙微波背景輻射在不同方向上的漲落的測量表明，宇宙的密度其實比我們原來觀測到的所有的物質總和的密度還要大得多。

但是，暗能量到底是什麼東西？沒人知道，人們對暗能量的解釋五花八門，中國科學院理論物理研究所研究員李淼曾半開玩笑地說：「毫不誇張地說，每一個研究過暗能量的人都有自己的理論。」最簡單的一種解釋則認為，暗能量是真空所固有的一種能量，因此它均勻分佈在所有的空間之中，密度不隨時間變化。據估算，跟地球體積相當的暗能量，其引力效果還不如一粒米。

不客氣地說，這個世界上沒有任何一個科學家敢肯定地說，暗能量就是什麼物質。如果有人真的能證明暗能量其實是以粒子形式存在的，那得一個諾貝爾物理學獎是實至名歸的。

在地面上擔心宇宙射線？沒必要

那麼，如果不是這個不太可信的暗能量粒子呢？宇宙空間裡還有什麼東西會造成DNA損傷嗎？當然有，宇宙射線就是其中很常見的一個。中國大力推崇的太空育種就是利用宇宙射線引發植物種子的DNA變異，再從中挑選出有益於人類的變異。

但是，經過大氣層的阻攔後，能到達地面的宇宙射線其實很少，輻射量大概在每年0.3到1.0mSv，平均是每年0.39mSv。這個輻射量有多大呢？哪怕你一年內什麼都不幹，宅在家裡不出來，也不去醫院照X光，你依舊會從空氣等地方受到大約2.4mSv/年的輻射量，這叫作環境本底輻射。相比之下，宇宙射線在其中占的比例真的不多。人類也早已習慣這種照射。

也許你聽說過在高空飛行會受到更多的輻射，不過，對於普通乘客，這也不是值得擔心的一件事。因為按照電腦程式計算，搭乘香港至溫哥華的航班輻射劑量大約為0.04mSv；而由香港飛到曼谷的輻射劑量則大約是0.005mSv。可見一般旅客所受到的輻射量並不高。國際放射防護委員會建議在環境本底輻射水準以外，一般非經常接觸輻射的人士每年額外吸收的輻射劑量不應超過1mSv（包括孕婦）。因工作關係經常接觸輻射的人士，上限則為每年20mSv。

當然，這裡說的是正常情況下穿過大氣層的宇宙射線，而如果是在離太陽系非常近的範圍內發生劇烈的超新星爆發之類的特殊事件，那別說損害人類身體了，哪怕是引發物種大滅絕，都是有可能的。只是這種世界末日的概率極小，上億年才可能有一次。與其擔心這個，不如擔心出門被車撞，車禍的概率遠遠比前者高得多。

過多的紫外線？也許該擔心這個

來自宇宙又有潛力在平時對人體DNA造成明顯傷害的，其實我們每天都會接觸到很多，那就是紫外線。紫外線對人體有一定好處，例如誘導皮膚合成維生素D。但是過量的紫外線會導致曬傷，甚至某些形式的皮膚癌。

紫外線對DNA的損傷有直接的和間接的兩種。紫外線中的UVA一般不會造成DNA直接損壞，而更常見的是會引發氧自由基之類的物質損傷DNA。而UVB則可能造成直接的DNA損傷。這些損傷最終可能引發致命的惡性黑色素瘤，92%的黑色素瘤都存在紫外線特徵的基因突變。

不過，我們的身體有修復損壞DNA的能力，修復不了時也會採取細胞凋亡來避免異常DNA的擴散。但是如果你受到的損害過大或者修復機制發生異常，那就可能導致癌症的發生。

那如果被損傷的是精子的DNA呢？會不會因此生下大異於常人的「超凡人」呢？隨機損傷帶來有益變異的概率很低，很多基因突變都是有害的，精子的DNA損傷是引發不孕不育的重要原因，所以，也就無所謂「超凡人」了。DNA的變異會隨著時間積累，越來越多的證據表明，不僅母親生育時的年齡會影響新生兒患先天性疾病的風險，父親的年齡也會影響種系突變率。

實際上，會影響並改變我們DNA的物質無處不在，例如有較強致癌作用的多環芳烴類就廣泛存在於我們吃的各種食物中，煎炸、煙燻、燒烤等烹飪加工都會產生多環芳烴，煤炭石油燃燒後產生的多環芳烴更是會進入大氣，最後沉積在植物體內。多環芳烴會與DNA分子反應，形成一種加合物，最終導致DNA發生變異。

會和DNA形成加合物致癌的，除了多環芳烴類外，還有一種我們很可能聽過的，那就是原先廣泛存在於草藥中的「馬兜鈴酸」，它也會和DNA中的一些結構結合，導致DNA的損傷。電離輻射，一些化學物質（例如芥子氣）則會導致非常難以修復的雙鏈斷裂，使部分染色體易位甚至缺失。很多病毒更是會直接將自己插入宿主細胞的DNA裡面，例如HIV病毒在潛伏期的時候就會將自己完全整合到宿主的DNA上長達數年乃至數十年之久。

謠言粉碎。

沒有任何證據顯示暗能量是以粒子的形態存在著的，常見的宇宙射線對人體DNA也很難有什麼太大的影響。最常見的來自宇宙的損傷DNA的物質實際上是陽光中的紫外線，所以要注意防曬哦！

參考資料

[1] Wikipedia：馬兜鈴酸

[2] 孫潔，周安方。精子DNA損傷與保護中華男科學雜誌。2006，12(7)。

[3] 香港天文臺：輻射小知識——飛行和宇宙輻射

「七年之癢」為什麼是七年？

◎冷月如霜

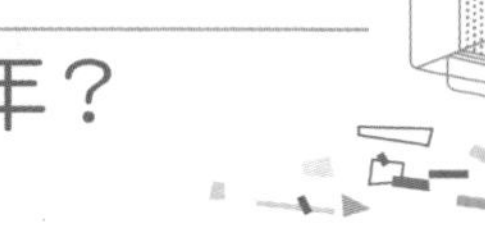

Q

愛到七年就終結。因為人體的細胞會新陳代謝，每三個月會替換一次，隨著舊細胞的死去，新細胞華麗誕生。由於不同細胞代謝的時間和間隔的不同，將一身細胞全部換掉，需要七年。也就是說，在生理上，我們每過七年就是另外一個人，你就是你，但你也不是你了！

1955年，由瑪麗蓮·夢露主演的一部電影在美國熱映。電影中，男主角總是利用一切情形幻想著與夢露發生外遇。這部在當時廣受好評的浪漫喜劇對後世產生了深遠的影響，片中夢露在排風口被風吹起白色長裙的性感模樣，成了世界知名的標誌，而電影的名字「The Seven Year Itch」及其中文翻譯「七年之癢」更成了婚姻不穩定的代名詞[1]。

而在這兩年冒出來的「細胞更換說」給七年之癢帶來了新的「理論支持」。七年之後我就不是我了？頗有披著科學外衣胡說八道的嫌疑。

細胞的年齡有多大？

關於細胞的年齡確實有正經的研究。細胞不會開口說話，那麼我們怎麼才能得知一個細胞的年齡呢？來自瑞典卡羅林斯卡研究中心（Karolinska Institute）的約拿斯·弗里斯恩（Jonas Frisén）教授從考古學中得到了靈感——碳14濃度可以作為細胞年齡的標記[2]。

碳14是碳的一種放射性同位素，來自宇宙射線對大氣層的衝擊，半衰期為5,730年，在大氣中的含量是比較穩定的。但從20世紀50年代中期到60年代早期開始，人類在地面上進行了許多次核子試驗，產生的額外放射線使得大氣中碳14的濃度顯著升高。而在1963年的一紙禁令後，地面上再無這種能夠產生大量碳14的來源了，因此隨著擴散和與大洋水體的交換，大氣中的碳14含量呈指數地快速下降。而對於單個細胞來說，從誕生之日起，DNA就幾乎不再發生物質交換，其中所含的碳14也就處於一個相對穩定的水準（碳14的自然衰變在幾十年的尺度上微乎其微），等於當時的大氣碳14濃度。因此先測定生物體細胞DNA的碳14含量，再與大氣的碳14濃度變化曲線相對應，就能夠推出該細胞誕生的時間。

有了碳14這件標記工具，弗里斯恩教授開始著手分析人體內一些細胞的年齡。由於樣本有限，他的團隊只能暫時專注於部分區域的人體細胞。通過分析，他們發現成年人的腸道細胞平均年齡為10.7±3.6歲。不過先前的一些研究表明，由於身處環境的惡劣，腸道表皮細胞只有五天的壽命。當弗里斯恩教授去除這些生命短暫的表皮細胞後，腸道細胞的平均年齡約為15.9歲。此外，他們還發現人體的骨骼肌平均年齡約為15.1歲。

作為神經生物學家的弗里斯恩教授，開展這項研究的主要目的，還是在於研究大腦皮層的神經元細胞是否會再生的問題。這項研究顯示，枕葉皮質的神經元細胞年齡與人的年齡相同，但因為神經膠質細胞還有更新，所以測得的平均年齡比人的年齡小幾歲。枕葉皮質被認為是哺乳動物大腦皮層中最容易出現細胞再生的區域，因此研究者認為，這項研究顯示我們大腦皮層幾乎所有神經元細胞，應該在出生後不久就已經存在了。除了在損傷情況下或是在個別區域，大腦皮層之後不再有新細胞誕生。

特修斯之船

人體的細胞種類遠不止弗里斯恩教授研究的這幾種，擁有較高替換率的細胞也不在少數。除了上文中提到的腸道表皮細胞外，紅細胞也平均只有120天可活。壽命稍長一點的肝臟細胞有300到500天的壽命，而看似終身不變的人體骨架約每十年也會重新更換一次。如果把這些不同種類的細胞綜合起來看，整個人體內細胞的平均年齡為七到十歲[3]。就這一點來說，七年的說法倒不算太離譜，但對此解讀，就大錯特錯了。

相信不會有人因為伴侶腸道細胞或骨骼肌細胞的新陳代謝而「癢」吧？而在現有的知識範圍內，除了少數能夠更新的嗅球或海馬體神經元，其他神經元細胞則幾乎要陪伴人的一生，其中就包括了那些作為人類情感基礎的神經元細胞。即便男女之間真的出現了「七年之癢」，而不得不用僅限於細胞生物學的知識去解讀，那也應將其歸咎於這些神經元對人類行為的影響發生了改變，而非斥之於莫須有的神經細胞新陳代謝。此外，男女之間感情出現問題又不單是細胞層面的問題，人所接受的教育、身處的環境、曾經的經歷都會產生一定的影響。想要弄明白「七年之癢」的原因，或許不但需要神經科學的繼續探索，更需要到心理醫生那裡去找找原因吧。

退一步說，即便人體全身的細胞真有一個替換的年限，在生理上我們就真的變成一個新的人了嗎？這裡面其實暗含了「特修斯之船」問題。特修斯描述的是一艘船在海上長途跋涉，難免有所損壞，於是船上的能工巧匠定期更換船的一部分以維持船的正常航行。幾年後，整艘船的各個零件都被更換了一遍，那麼這艘船還是原來出發時的那艘船嗎？如果是，那麼將廢棄的零件收集起來重新拼成一艘船，這兩艘船和原來出發時的船是什麼關係呢？如果不是，那麼這艘船又是在什麼時候變得和原來不一樣的呢？這幾個古老的問題，就交由各位讀者朋友們自己思考吧。

謠言粉碎。

用「七年時間一身的細胞全部換掉」來解釋「七年之癢」的說法過於牽強附會。人體的細胞確實有新舊更替，一些短命的腸道上皮細胞平均年齡只有可憐的五天，而小腦的灰質細胞則幾乎可以陪伴人的一生。雖然將不同的細胞綜合在一起計算，平均的細胞年齡是七到十年，不過恐怕沒有人會因為腸道細胞或者肝臟細胞的新陳代謝而認為自己變成了另一個人吧。至於所謂的七年之癢，更是和細胞的壽命沒有關係。

參|考|資|料

[1] Wikipedia: The Seven Year Itch.

[2] Retrospective Birth Dating of Cells in Humans. Kirsty L. Spalding, Ratan D. Bhardwaj, Bruce A. Buchholz, Henrik Druid, and Jonas Frisén, Cell, Vol. 122, July 15, 2005.

[3] NY Times: Your body is younger than you think.

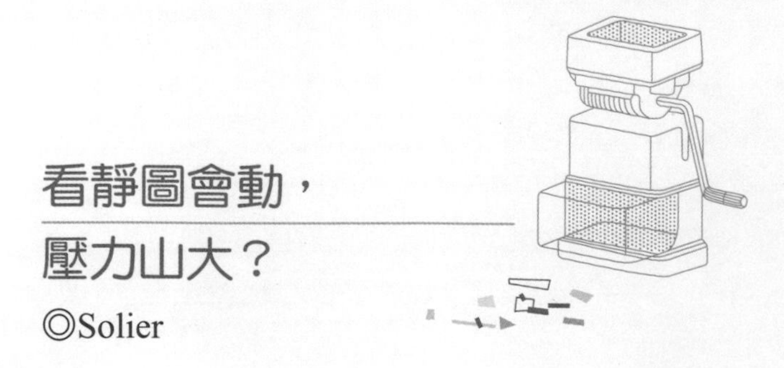

看靜圖會動，壓力山大？

◎Solier

人們的心理都在不同程度地發生變化，欲望隨機而起。經心理測試證明：「心理壓力測試圖」與每個人的心理承受力有關，你的心理承受力越強，圖片轉動越慢。美國曾經以此作為犯罪嫌疑人的心理測試，他看到的圖片是高速旋轉的，而大部分的老人和兒童看到的是這幅圖片是靜止的。請大家自己做一下測量。看你的心理承受力有多大，以更好地調整自己的心態。

讀完這段看似有根據的文字，再看一幅神奇的圖片，有人訝異，有人疑惑，有人一笑而過，有人驚慌失措……也許更多的人在納悶兒：我自覺並非玻璃心，最近也沒啥壓力，怎麼也會覺得它在轉？就這樣，一傳十、十傳百，「心理壓力測試圖」在網路上被廣泛傳閱了近十年之久。然而，即使流傳得再廣，流言始終還是流言。此類圖片本來就能讓人產生動態錯覺，與心理壓力大小無關。

動畫？讀心術？視覺假像！

圖片的確是靜止的，但在你的眼中是運動的。於是，你可能會擔心自己心理壓力太大，甚至懷疑自己的心思被控制了。這些圖片雖然形態各異，「運動」方式也各有不同，但無論旋轉遊移也好，滾動起伏也罷，其背後利用的原理，都是一種叫「周邊漂移錯覺」的視覺假像。周邊漂移錯覺（peripheral drift illusion，PDI）是一種能夠由邊緣視覺（peripheral vision）觀察到的異常運動錯覺。心理學家福伯（J. Faubert）和赫伯特（A. Herber）在1999年首次提出周邊漂移錯覺的概念[1]，而早在1979年，Fraser和Wilcox就報導了這種現象[2]。因此，這種錯覺也被稱為「Fraser-Wilcox錯覺」。

2003年，日本立命館大學的北岡明佳和京都大學的蘆田宏提出了增強周邊漂移錯覺的方法[3]。他們指出，階梯式的亮度變化比平滑的亮度過渡更能體現周邊漂移錯覺，片段化的邊緣也優於直長邊緣。根據這些優化理論設計的圖案大大提高了周邊漂移錯覺的效果。

旋蛇圖（來源：北岡明佳）

同年9月，作為周邊漂移錯覺的優化個案，北岡利用靜態的重複不對稱圖案（repeated asymmetric patterns，RAPs）設計了「旋蛇」。這幅引人注目的作品讓他聲名大噪，並激起了人們研究周邊漂移錯覺的興趣。研究表明，不能感受到周邊漂移錯覺的情況在人群中的比例只有約5%——因此，看到「群蛇狂舞」其實是很正常的現象，並不意味著你的心理壓力有多大或心靈有多脆弱。

周邊漂移錯覺的生物學基礎

隨著心理學和生物學領域對周邊漂移錯覺研究的深入，影響周邊漂移錯覺效果的因素，以及感知錯覺的神經生物學基礎都逐漸被揭曉。

不難發現，當你盯著「旋蛇」中的一條看時，那條蛇就不再旋轉了。而每當你視線轉移時，蛇又開始旋轉。當頻繁眨眼或是視線持續轉移時，周邊漂移錯覺的效果尤其明顯。這表明刷新圖像對視網膜的刺激，對於感受周邊漂移錯覺是非常重要的。

2005年，利用初級視皮（V1）層和中顳區（MT）的神經細胞進行研究，康威（B. Conway）等人揭示了周邊漂移錯覺的神經基礎——具有方向選擇性的神經元對不同的對比度刺激做出的反應時間存在差異，視覺神經元對高對比刺激的反應更快[4]。同年，賓夕法尼亞大學的巴克斯（B. Backus）和奧呂克（L. Oruç）在研究中提出了周邊漂移錯覺感知模型。[5]他們指出，顏色和對比度都是增強周邊漂移錯覺的關鍵因素。2006年，北岡的研究則發現周邊漂移錯覺中最具迷惑性的顏色組合是藍色─黃色和紅色─綠色，「旋蛇」也開始有了各種色彩的、更絢麗的版本[6]。

在這些研究的推動下，周邊漂移錯覺圖片的設計也越發精緻而多樣化。利用高亮和陰影設置，北岡還做出了具有類似3D效果的圖案[7]。儘管周邊漂移錯覺的樣式逐漸多元，其本質仍然是普通的視覺假像。

奇怪的說法，快放開藝術！

其實，設計、觀察這些千奇百怪的周邊漂移錯覺圖片，不是為了檢查自己的心理狀況，而是更多地出於一種對美的體驗與享受。瞭解了它們背後的科學原理之後，北岡明佳的個人網站持續更新著他設計的周邊漂移錯覺作品，不斷震撼著觀察者的眼睛。

針對周邊漂移錯覺，科學家從未停下研究的腳步，設計師們也逐漸開始感受到這些原理簡單但效果拔群的錯覺魅力。從產生錯覺的蛋糕到梵谷的傳世名作，這些絢麗而奇特的錯覺已經被運用到藝術設計當中，終將擺脫謠言的綁定，以真實的樣貌，回歸人們的生活。

至於流言為什麼盯上這類圖片，將它們跟心理壓力測試扯上關係，還得問始作俑者。可能的原因大概有以下幾點：

1. 將周邊漂移錯覺對視覺系統的刺激曲解為心理壓力。在北岡明佳的個人主頁上[8]，標注著這樣的警示：「頁面中含有異常運動錯覺圖片，可能使敏感的觀察者感到眩暈或噁心。」這種錯覺對觀察者的刺激，可能被曲解成衡量觀察者心理狀況的指標。

2. 將觀察者年齡與周邊漂移錯覺的潛在關係附會成心境差別。在2005年的視覺科學學會上，一名運動知覺研究者提出，周邊漂移錯覺的效果可能與觀察者的年齡負相關[9]。這個假設在隨後的調查中被證實了。謠言中，「大部分的老人和兒童則看到這圖片是靜止的」可能是對此觀點的牽強附會。

3. 兜售緩解壓力的產品。在外國網友對「看圖測心理壓力」可信程度的討論中，有人追溯了流言可能的源頭：一家外文網站早在2005年就用周邊漂移錯覺圖片作為所謂「心理壓力測試」的材料。懷疑自己心理壓力過大的網友隨即被推銷購買降壓音樂。

A

謠言粉碎。

無論是什麼原因導致這類流言的產生，將周邊漂移錯覺與心理承受能力或心理壓力測試聯繫在一起，不僅不科學，更不符合這些錯覺圖案設計者和錯覺研究者的初衷。

參|考|資|料

[1] Faubert J. & Herbert A.M. (1999). The peripheral drift illusion: A motion illusion in the visual periphery. Perception, 28(5).

[2] Fraser A., Wilcox K.J. (1979). Perception of illusory movement. Nature, 281 (5732).

[3] Kitaoka A., Ashida H. (2003). Phenomenal characteristics of the peripheral drift illusion. Vision, 15(4).

[4] Conway B.R., Kitaoka A., Yazdanbakhsh A., Pack C.C., Livingstone M.S. (2005). Neural basis for a powerful static motion illusion.J Neurosci. 25(23).

[5] Backus B.T., Oruç I. (2005). Illusory motion from change over time in the response to contrast and luminance. J Vis. 5(11).

[6] Kitaoka A. (2006). The effect of color on the optimized fraser-wilcox illusion. the 9th L' OREAL Art and Science of Color Prize.

[7] Kitaoka A. (2008). A new type of the optimized Fraser-Wilcox illusion in a 3D-like 2D image with highlight or shade. Journal of Three Dimensional Images (Japan), 22(4).

[8] Akiyoshi' s illusion pages.

[9] Ming-Te Chi, Tong-Yee Lee, Yingge Qu, Tien-Tsin Wong (2008). Self-Animating Images: Illusory Motion Using Repeated Asymmetric Patterns. ACM Transaction on Graphics, 27(3).

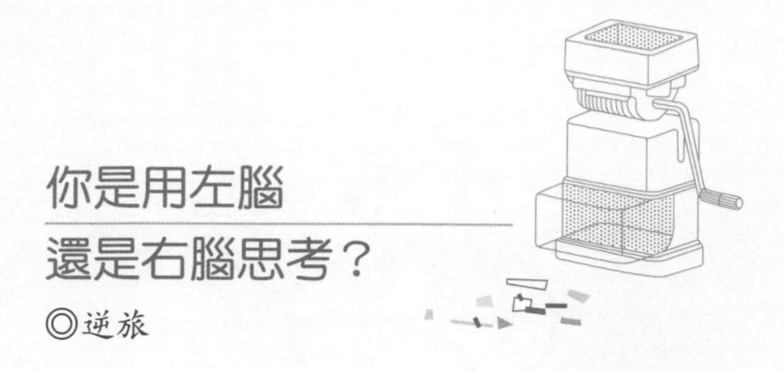

你是用左腦還是右腦思考？

◎逆旅

網路上流傳著一張圖片，圖中人騎著一輛自行車。你看到的圖中的人既可能像是正向你靠近，也可能像是正遠離你。據說，根據答案的不同，可以判斷你是用左腦思考，還是用右腦思考。

自行車錯視圖

這是來自《國家地理》大腦遊戲（Brain Games）主題網站中的一張錯視圖形，和被廣為流傳的「旋轉的舞者」一樣，都可以被大腦解讀出兩種訊息。那麼，這樣的錯視圖形真的可以像傳說中一樣，可以判斷出觀察者是左腦還是右腦思考嗎？

答案是不可能！

要回答這問題，得先回到20世紀80年代之前。當時美國加州理工學院的羅傑．斯佩里（Roger Sperry），為了要避免癲癇病患半腦不正常放電透過胼胝體（corpus callosum）波及整個大腦，於是執行了「裂腦」（split-brain）手術，切除了病患的胼胝體。病患確實不再有癲癇的狀況，但卻有些「怪怪的」——叫不出左視野看到的物品。

原來胼胝體負責聯結左右半腦，如果失去胼胝體，左視野的訊號進入右腦後，無法和位於左腦的語言功能區溝通，病患就叫不出物品的名字了。從裂腦手術意外發現左右腦區功能不同並由中間的胼胝體聯結，也讓斯佩里贏得1981年的諾貝爾生理醫學獎。

斯佩里開啟了腦側化（Lateralization of brain function）的研究，也就是現在我們常聽到的左腦處理語言、邏輯、右半側的身體活動、右視野視覺等，而右腦處理書寫、情緒、空間概念、左半側身體活動、左視野視覺等。

回到最初的問題，既然左右半腦掌管不同的功能，那麼有可能通過一張圖片來判定你是左腦還是右腦型思考嗎？

2007年底，上述流言正流傳甚廣時，耶魯大學醫學院（Yale University School of Medicine）的神經學家史蒂文·諾維拉（Steven Novella）還特別在他的部落格NeuroLogica澄清過（可能因為流言中提到是耶魯大學的研究……），認為這並不合理：即使我們有左右腦區，但是得彼此連接才能完成任務，而且也沒有所謂的「左腦型」或「右腦型」性格。他還補充說，要測試一個人的能力不能單靠一張圖，得有一系列的測驗。儘管如此，測驗還是有運氣的成分在，所以分數也未必具有代表性[1]。

數理能力超群的人也不能稱作「左腦人」。墨爾本大學的心理學家歐波伊（O' Boyle）發現，那些具有數學天賦的學生，仍然需要左右半腦共同作用才能解題，他們異於常人的地方則在於左右半腦的信號交換較為密集[2]。「右腦掌管情緒」的觀念也被推翻；這幾年通過fMRI的研究發現，左右半腦的部分腦區都參與了產生情緒的過程。

此外，腦的功能區其實很有彈性，左右半腦不全然涇渭分明。一些失去半邊腦部的患者，雖然失去了半邊身體動作能力和半邊的視覺，但是像是語言之類的心智能力會保留在剩下的一半腦區上[3][4]。種種後續的研究成果都逐漸挑戰著榮獲諾貝爾獎的腦側化學說，更何況一張圖就號稱能驗出你是左腦還是右腦思考呢？

A

謠言粉碎。

大腦精密而複雜，想用一張圖來挑戰它的智慧，真是自不量力。

參|考|資|料

[1] Steven Novella. Left Brain-Right brain and the Spinning Girl. Oct 11 2007. Neurologica Blog.

[2] Michael W. O' Boyle. Mathematically Gifted Children: Developmental Brain Characteristics and Their Prognosis for Well-Being. Roeper Review.

[3] Charles Choi. Strange but True: When Half a Brain Is Better than a Whole One. Scientific American. May 24, 2007.

[4] Jeremy Hsu. Does the "Right Brain vs. Left Brain" Spinning Dancer Test Work? Science Line October 29, 2007.

鳥媽媽會拋棄被人類摸過的雛鳥嗎？

◎鳥窩裡的貓妖

不要去摸雛鳥，如果你的味道沾到雛鳥身上，被鳥媽媽聞到的話，她會不要這個孩子。

這項傳言或許來源於人類對於某些哺乳動物殺嬰行為的觀察，例如獅子或老鼠母體對沾染上異味的幼崽會棄之不理，甚至將其咬死、吃掉。這是因為氣味是哺乳動物辨認親緣關係的重要標識之一。那麼鳥類是否真的會因為人類的氣味沾染到自己的幼禽，而放棄這一次的遺傳投資呢？

這就要從鳥類的嗅覺說起。曾經有人認為鳥類嗅覺非常弱，但這個說法很快便被推翻了。研究表明，很多鳥類不僅對氣味敏感（如冠毛海雀、禿鷲、椋鳥等），甚至可以聞到我們難以察覺的外激素（如虎皮鸚鵡、白腰文鳥等）。那麼，對於「鳥類是否可以聞到人類氣味」這個問題，答案是肯定的。只不過鳥類辨識自己兒女並不是依氣味，而主要靠外形和聲音（有些種類的鳴禽父母甚至和雛鳥之間有一套「暗語」），所以即使是沾染了人類氣味的雛幼鳥，它們仍然會繼續哺育。

孩子和窩，我都不要了！

如此說來，是不是我們就可以隨便去觸摸幼鳥了呢？答案卻是否定的。近些年有一個專業詞彙漸漸進入大眾的視線——應激（stress），這個詞由內分泌學家Selye於1936年最先提出。當時他給這個詞的定義是，機體對外界或內部各種非常刺激所產生的非特異性應答反應的總和。後經完善成為「穩態應變」（allostasis）——機體通過變化積極維持穩態的適應過程。大多數時候，機體一旦處於應激條件下，就可能出現生長受阻、繁殖力下降、免疫力下降、行為異常等損傷，這是機體為了保證其基本的生命活動所必須付出的代價。

對野生動物來說，「人類（天敵）的出現引起驚嚇」就是導致其應激的因素，處於繁殖期的雌性動物更會出現極端行為，例如築巢期及產卵期的鳥類如果頻繁受到騷擾便會棄巢，因為它們覺得這個巢址不安全，即使把後代產下或孵出來，也不會存活，白白浪費繁殖成本，不如儘早另覓新居。而育雛期的親鳥們表現得會稍微平和些，它們會繼續哺育自己的後代——這是由於前期已經投入了太多的資源和時間成本，並且也來不及再生一窩了。曾經有過由於巢被毀，連同八隻雛鳥一起被送到救助中心的縱紋腹小鴞仍然繼續哺育自己孩子的報導。

別誤成為鳥媽媽

儘管人類的氣味不見得會讓鳥媽媽拋棄孩子，但人類的干擾會影響親鳥的育雛節律，使它們需要花更多的時間來「站崗」，而無法出去找到更多的食物，這同樣會導致存活率降低。同時，如果與人的接觸過於頻繁和親密，還有可能引起另外一個問題——印痕行為。

簡單來說，印痕行為就是在動物生命早期建立起來的一種長期有效（不可逆）的學習行為。這一行為會影響動物對父母、配偶、天敵、棲息地等的認知。而這一行為的敏感度隨著年齡增大而變弱。小雞小鴨如果破殼後第一眼看到的是人類，就會跟在人類後面，把人類當成自己的母親。這就是「親子印痕」的一個例證。

由此可知，如果鳥類在幼雛階段與人類過多接觸，很有可能導致其對人類「脫敏」和依賴，進而失去野外生存的能力。更有甚者，有些被人類養大的鳥會將人類作為求偶對象，做出許多令人哭笑不得的事情。

A

謠言粉碎。

鳥媽媽不會因為人類的氣味遺棄鳥寶寶，但是，人類的氣味卻能導致「印痕行為」。所以當撿拾到墜巢的雛鳥時，如果能將其放回原巢或是同類的巢是最理想的。無法還巢的話，可以在附近找一個相對高些的地方，將雛鳥安置在那裡，親鳥會繼續哺育它。當雛鳥已經摔傷或周圍環境非常危險——例如臨近公路和居民區，或是流浪貓狗較多時，請將牠們安置在鋪好厚毛巾的紙盒內，儘快聯繫當地消防隊進行救助。

USB普遍縮水啦？

◎Albert_JIAO

Q

消保會對市面銷售的30種USB快閃記憶體盤產品進行了比較試驗，結果表明，所有USB記憶體容量均「縮水」，也就是實際容量和標稱容量不符，其中相差最大的USB，標稱8GB，在電腦上顯示只有7.44GB，僅為標稱值的93%。[1][2]

USB包裝上寫明的容量與電腦顯示出的容量值不相符，是否一定說明USB製造商偷工減料，弄虛作假，欺騙消費者了呢？其實問題出在了對於1GB這個單位有多大，業界存在兩種不同的理解方式。

我們從國際通用的計量單位開始講起。1毫米、1公分、1公尺、1公里這樣的描述，大家一定都很熟悉，它們之間的換算或者10倍，或者100倍，或者1000倍，都是十的倍數，也就是十進位。

如果用數字表示一百萬米或者十億米，普通人會直接寫1000000米／1000000000米，文藝青年或許會寫成1,000,000米／1,000,000,000米，還有另一類青年則會這麼寫：1M米／1G米。

在國際單位制裡，1k表示1000，1M表示1000k，也就是10^6，1G表示1000M，也就是10^9。[3]不過一般在表示長度的時候，用1M米／1G米的青年並不多。生活中使用M、G比較明顯的例子是無線電波的頻率，例如微波爐電磁波頻率是2.45GHz，也就是2.45×10^9Hz。

按理說，國際單位制裡M、G適用於各個領域，可以說1G米、1GHz，也可以說1G攝氏度、1G噸、1G伏電壓等，但是用G和M表示資訊容量大小的時候，就出現了小小爭議。

剪不斷理還亂的BYTE

在電腦裡，無論多炫的畫面、多複雜的功能、多給力的軟體、無論儲存在硬碟、光碟還是USB上，到最後都是分解成一大堆按順序排列的數位0和數位1來儲存。換句話說，這是個二進位的世界，其中單個0或者單個1稱為一個bit，通常把八個bit合在一起，例如10011011，稱為一個Byte。

USB容量指的就是這個USB可以儲存多少個Byte。如果1MB就是10^6Byte，1GB就是10^6Byte，那麼就什麼問題也不會有了。但是在電腦世界裡，2Byte、4Byte、8Byte、16Byte……1024Byte這樣以2的次方數為「批量」處理Byte會方便一些，更整齊一些，於是就有了另一種定義，1GB=1024MB，1 MB=1024KB，1kB=1024Byte，這樣算來，1GB不是1,000,000,000Bytes而是1024×1024×1024=1,073,741,824Bytes。[4]1000和1024這兩種換算方法各有各的道理，前者是遵循國際單位制，與其他單位接軌，後者對於電腦的運算更方便一些。為了避免混亂標注現象的延續，國際電工協會（IEC）在1999年擬定了「KiB」、「MiB」、「GiB」等一批新的二進位單位，專用來標示「1024進位元」的資料大小[5]。而後，這一標注規範又於2008年併入國際標準組織（ISO）檔，成為國際通行的標準——至此，GB與GiB的分野才開始明晰。[6]

各有各的標準

由於電腦行業的迅速發展，標準的設立又較為滯後，大量已存的誤標未被及時修改，成了「歷史遺留問題」。目前硬體製造商，包括USB製造商使用的都是國際單位制的GB單位（1000換算的）來標示容量，但我們熟悉的Windows系統，就依舊以「GB」字樣來表示「GiB」單位（1024換算的）。蘋果電腦的OS X系統也曾存在這一問題，不過新的版本已經將容量單位修正為名副其實的國際單位制「GB」。因此，同一個硬碟在Mac OS X10.5作業系統裡和Mac OS X10.6系統裡顯示的「大小」卻不相同，原因正是10.5系統使用了GiB單位，10.6系統使用了GB單位。[7]

同樣道理，一個8G的USB（GB單位），如果沒有造假，在Windows系統裡顯示的大小會是8000,000,000/1,073,741,824=7.45 GiB，也就是在「我的電腦」裡顯示是「7.45GB」。這個「顯示容量只是標稱容量93%」的USB其實是正常現象，並沒有縮水。

謠言粉碎。

這項調查忽視了硬體製造商和電腦作業系統之間使用的單位換算差異問題，誤將正常的數值差異當成USB縮水了。

參｜考｜資｜料

[1] 北京市面30種U盤容量均“縮水”金士頓上黑榜

[2] 北京市消協：USB快閃記憶體盤生產企業普遍虛標容量，誤導消費者

[3] Wikipedia: International System of Units

[4] Wikipedia: Gigabyte

[5] Wikipedia: IEC 60025

[6] Wikipedia: Binary prefi x

[7] GB如何定義？蘋果站到硬碟製造商一側

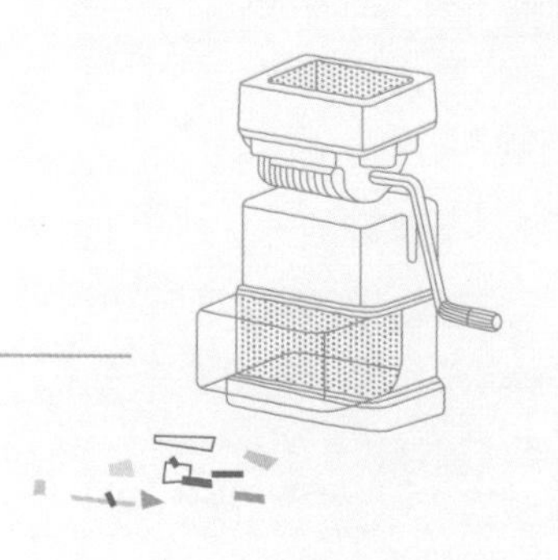

植物中隱藏著神秘數字嗎？

◎史軍

植物中存在著不同類型的黃金比例，植物的葉片花朵數目都是按照費波那契數列（又名費氏數列）來生長的。這樣的現象不可能是自然形成的，它正是智慧設計存在的證據。

看來人類對於費波那契數列的熱愛已經不僅僅局限在數學圈了，那麼事實又是如何呢？對於植物界的情況，簡單來說就是，雖然一些植物形態中確實隱藏著費波那契數列的蛛絲馬跡，但大多數植物的花瓣和葉片的數目與費波那契數列無關。

我們先來瞭解一下什麼是費波那契數列：Fn+1=Fn+Fn-1，這個數列中的每個數字都是前兩項數之和，如果是以「1，1」開頭的自然數數列，1，1，2，3，5，8，13，21，34，55，89……這些數字被稱為費波那契數。同時，這個數列中還暗含著黃金比例，如果用數列中的每一個數字去除它後面的數字，數字越大，結果就越趨近於1.618，也就是我們平常所說的黃金比例。

花瓣：似是而非的規律

植物中首先被提及與費波那契數列有關的是花瓣數。不可否認，確實有一些花的花瓣數目暗合這個數列中的數位。例如梅花、山桃花、蘋果花、山茶花都是五個花瓣；而鳶尾和鴨蹠草是典型的有三個花瓣的花（雖然鳶尾的萼片看起來很像花瓣，而經常被看成六片花瓣的花）。但除此之外的很多植物的花瓣數目並不在這個特殊的數列裡，我們平常見到的百合花和君子蘭都有六片花瓣。更為常見的是，以油菜、蘿蔔為代表的十字花科植物，花瓣都是四枚。

而且，植物花瓣的數量也不是永恆不變的。例如，原種野生玫瑰的花瓣是五枚，是一個費波那契數，但是現在花店賣的商品玫瑰（小心！絕大多數其實是月季）經過培育，花瓣加倍，變成什麼數目已經不可預期了。

如果需要尋找花瓣數目同費波那契數的關聯，那花瓣「基數」還算是一個不錯的聯繫紐帶。就像樓房有樓層差別一樣，花瓣通常會從內向外分成幾輪，每一輪的花瓣數量又是固定的，植物學家把這個固定的數量取了一個名字叫「花基數」。一般來說，很多雙子葉植物的花基數就是5（除了例外的十字花科等），而單子葉植物花瓣的基數是3。雖然百合是花瓣六枚的單子葉植物，但其實是每輪3瓣的兩輪排列，花基數仍然是3。單子葉植物和雙子葉植物為什麼會出現這種特有的花基數，植物學家猜測是由於特殊的控制花發育的基因決定的，不過到目前為止還沒有找到絲毫證據。

花序：為了更多的排列

在有些時候，植物必須考慮空間上的經濟性。拿花序來說，一些植物必須安排盡可能多的小花在一起，增強「小花群體」的吸引力，同時還需要減少小花之間的相互干擾，小花相互之間的重疊越少越好，保證這些小花擁有平均的空間。通過模擬發現，每旋轉137.5度〔$2\pi \times (1-0.618)$〕安排一個花朵是最合理的設計，而實際中菊科植物的花序就是這樣安排的。此外，數一數從向日葵中心向外延伸的螺旋線，你會發現，它們也與數列有密切聯繫。在有300個小花的向日葵花盤上，可以找到34條左旋的曲線和21條右旋的曲線。在更大的花盤上能找出更多條螺旋線，但是螺旋線的數目總是費波那契數。類似的，人們還發現鳳梨和松果的花和種子也是類似的排列，上面的螺旋線有的是8條，有的是13條。34、21、8、13，這些都是費波那契數。不過，這樣的排列是如何形成的，科學家們還沒有找到答案。

即便是這樣，自然界也同時存在其他許多種花序排列。像油菜和蘿蔔等十字花科植物的花序就是向上延展的，而像垂序火鳥蕉這樣的植物的花序則是向下延伸的，這些花序中的小花都是順次排列在一個花序軸上，至於櫻花、海棠花之類的花序上的小花則是鬆散地組合在一起，並不存在有限的空間排布花朵的問題，也就沒有什麼特殊的排列角度和排列小花數量的問題，與費波那契數也並沒有什麼關聯。

葉序：更重要的存在是適應

有一些報導中說，樹葉的排列也有特別的數字，例如葉片的生長也遵循旋轉137.5度的安排，這樣的安排可以最大程度減少葉片之間的相互遮擋，更有效地吸收太陽光。但是很多植物的葉片並非是旋轉生長的，例如紫薇和金銀木的葉片就是在枝條的兩側排成兩列，而黃楊的葉子則是呈現出十字交叉的樣子，還有很多像草莓這樣地貼地生長的植物，葉片都排列在平行於地面的一個平面上。

在大自然中找到數學規律的身影是有趣而迷人的。不過，要是把這些規律看作是自然的普遍規律，並引申出是由創造者設計的觀點就不恰當了。

謠言粉碎。

有些花瓣的數量和花序的排列確實體現出了費波那契數列。但是大多數植物的花瓣和葉片排列並不會遵循這個原則。之所以出現費波那契數和黃金比例的角度，都是能最有效利用空間的模型，而在不需要考慮空間使用的情況下，就會隨機分佈了。是否出現特別的數列，都與植物對生存環境的適應有著密切關係。

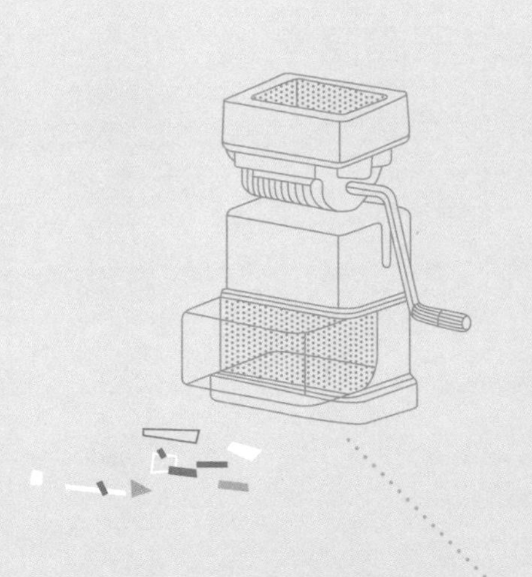

4
第四章 /
謠聲一變

洗桑拿會不育嗎？

◎一本大叔

Q

精子怕熱，所以洗桑拿可能會導致不育。

人體的核心溫度（即通過直腸測量到的體溫）是37℃，而睪丸的溫度比核心溫度低2℃到3℃。我們的陰囊通過收縮和鬆弛，可以使睪丸保持35℃左右的精子發育最佳溫度。而桑拿房的溫度比體溫高得多，這會給精子帶來什麼樣的影響呢？

高溫傷精子

國內外多篇科研文獻曾指出，溫度過高對精子發育不利，會導致精子的數量減少（精液容積、精子密度），活動度下降（平均路徑速度、曲線速度、精子頭側擺幅度），精子形態異常（大頭精子、小頭精子、梨形頭精子、錐形頭精子、無定形頭精子、空泡樣頭精子、雙頭精子、頸部和中段缺陷精子、尾部缺陷精子等）以及誘發生殖細胞凋亡等。

溫度影響精子形態的機制可能為：

1. 溫熱引起精子形態學改變，使附睪內精子出現胞質小滴，精子通過附睪的速率加快，成熟減緩。

2. 溫熱引起生殖系統代謝及生化改變使睪丸生精組織破壞，睪丸生精能力下降，使精子在睪丸中大量死亡，睪丸萎縮、體積縮小，導致精子形態異常。

而相關研究結果也顯示，桑拿與精子的異常有關。在一項由135例有桑拿史的不育患者以及369名無桑拿史的不育患者的對照試驗中，研究人員得出結論：桑拿影響精子形態，特別是使無定形頭精子的數目增多了。在另外一項由310例生育組樣本、944例無桑拿史不育組樣本以及306例有桑拿史不育組樣本的對照試驗中，研究人員得出的結論與上個試驗完全相同。

其實，除了桑拿之外，坐姿不正、久坐不動、褲子過緊等均可導致陰囊溫度過高。總之，精子是很容易受傷的，別熱著它們。

桑拿等於不育？未必

那麼，高溫導致的精子異常，能與男性不育畫上等號嗎？例如經常泡桑拿是否會導致男性不育呢？關於這個問題也有不少研究。結果表明，桑拿的確會影響精子的形態，但這並不等於桑拿會造成不育。

芬蘭圖爾庫大學的一項對桑拿跟懷孕的關係的研究表示，桑拿並不影響男性的生育能力。無獨有偶，在美國醫學雜誌（The American Journal of Medicine）中刊登的一篇由漢努克塞拉（Minna L. Hannuksela）等人撰寫的文章中也有說明，桑拿並不影響生育。文章還指出，睪丸激素以及促性腺激素在血清中的濃度在多次桑拿後不會出現改變，而且男性及女性的泌乳素濃度在泡桑拿期間會暫時上升（男性正常的泌乳素水準有助於維持睪丸內高水準的睪酮，並影響附屬性腺的生長和分泌）。雖然一些研究表明桑拿會降低精子活動度，然而，作為桑拿發源地的芬蘭，當地男子的精子計數卻很高，而且，芬蘭男子使女子懷孕所需時間比英國人要短。當然，這項研究是在桑拿的發源地做的，能否放之四海而皆準還有待商榷。

除了芬蘭的研究，泰國瑪希隆大學也做過一個試驗，八名平均年齡在30歲的正常成年男子在連續進行了兩周桑拿浴後，精子活動度顯著降低，但停止桑拿一周後，精子的活動度恢復正常。他們從而得出結論：桑拿引起的陰囊溫度升高會導致精子活動能力的降低，好在這種降低是可逆的。

謠言粉碎。

儘管沒有證據表明桑拿會讓你徹底斷子絕孫，但如果你目前正有造人計畫的話，為了增加懷孕的可能性，還是少蒸點桑拿為好。

參|考|資|料

[1 J. Saikhun, Y. Kitiyanant, V. Vanadurongwan and K. Pavasuthipaisit. Effects of sauna on sperm movement characteristics of normal men measured by computer-assisted sperm analysis[J]. International journal of andrology, 1998,(21).

[2] GUO Hang, ZHANG Hong guo, XUE Bai gong, SHA Yan wei, LIU Yuan, LIU Rui zhi. Effects of Cigarette, A lcohol Consumption and Sauna on Sperm Morphology[J]. National Journal of Andrology, 2006, 12(3).

[3] Minna L Hannuksela, Samer Ellahham. Benefits and risks of sauna bathing[J]. The American Journal of Medicine,2001,110(2).

[4] Wähä-Eskeli K, Erkkola R. The sauna and pregnancy[J]. Ann Clin Res., 1988,20(4).

[5] 張紅國，外界因素對精子形態影響的研究[D]。東北師範大學，2006。

達文西睡眠法可行嗎？

◎cobblest

長久以來，網上都在流傳一種名為「達文西睡眠法」的睡眠方法。這種睡眠法得名於身兼科學家、藝術家、發明家等多個角色的偉大人物——達文西。相傳，達文西每四小時睡15到20分鐘，這樣一天下來只睡兩小時左右，餘下大把的時間從事創作，而且能保持充沛的精力。

這種睡眠其實是一種多相睡眠（Polyphasic Sleep），意思是把完整的睡眠時間分割開來。不少迷信這種睡眠法的人都希望通過它來縮短睡眠的總體時間，同時人的精神狀態卻可以和連續睡九個小時的單相睡眠差不多，這樣就可以有更多的時間來工作、學習。

我們檢索「達文西睡眠法」會發現，除了介紹這種方法的文章，並沒有其他可靠的證據表明達文西在長期、規律地使用這樣的睡眠方法。不過，頂著大師光環並不是毫無作用，確實有後人願意一試這種方法。

少數真實的實驗

儘管很多人聲稱這種多相睡眠法能極大地提高工作效率，但並不是每個人都願意拿自己來以身試法。史上唯一有所記載的長時間實施了「達文西睡眠」的「第一個吃螃蟹的人」叫巴克米斯特．富勒（Buckminster Fuller），他是一名工程師和設計師。他在1943年的《時代》雜誌上發表了自己的長達兩年的睡眠計畫。在這段時間裡，他每隔六小時打盹30分鐘，也就是說每天只睡兩小時。最後他的計畫不得不因為他的商業夥伴的極力阻攔而終止，因為他的作息時間和其他人實在太不合拍了。富勒是否嚴格遵守了他所說的睡眠計畫，我們不得而知，不過他是有史以來第一個真正報告了成功執行多相睡眠的人。

近些年引人注目的多相睡眠實驗者當屬著名部落格作者史蒂夫．帕沃利亞（Steve Pavlina）。他堅持多相睡眠兩個多月，每天累計只睡三小時，並且在部落格上發表了自己的睡眠日誌。他表示剛開始時很難適應，但到了實驗的後半段，身體逐漸適應了這種睡眠週期，在夜晚也能保持清醒的工作狀態。不過到實驗快結束的時候，他試圖通過減少打盹的次數讓睡眠時間變得更短，卻常常聽不見鬧鐘而直接就睡了六個小時。看來想要長時間保持多相睡眠的記錄，並不是一件容易的事情。

來自科學界的意見

心理學家彼得·伍茲奈克（Piotr Wozniak）認為，多相睡眠的方法沒有什麼科學依據，因為我們的大腦根本無法適應「多次打盹」的睡眠模式。腦電波和其他生理指標的研究顯示，我們的生物節律是雙相而不是多相的，這決定了我們的身體總是傾向於一個整塊的睡眠時間。而試圖利用多次短暫的打盹來減少睡眠總量的做法，會讓睡眠不同階段的時間都被縮減，擾亂生物節律，最終可能會造成類似睡眠剝奪和睡眠節律紊亂症的負面效果，例如身體和心理的機能減退，焦慮和緊張感增強，以及免疫功能降低。伍茲奈克通過觀察參與多相睡眠的人的部落格發現，大部分人都必須通過一些「維持性活動」，例如大量飲用咖啡等方式來保持清醒，而這種多相睡眠對人的學習能力和創造力並沒有顯示出任何提高和促進。

打盹，只能是睡眠剝奪的補充

在有些情況下，人們或許無法保證一次完整的八小時睡眠。這時，有規律的短暫打盹或許可以彌補人們缺失的睡眠。研究睡眠的心理學家克勞迪奧·斯坦皮（Claudio Stampi）博士曾進行了一項49天的實驗，讓一名年輕人每隔三小時打盹30分鐘，每天睡眠時間加起來差不多是三個小時。他發現大腦在這種多相睡眠中也同樣經歷了普通睡眠擁有的慢波睡眠和快速眼動睡眠，只不過每個睡眠階段的時間都被縮短。此外，斯坦皮還在《工作和壓力》期刊上發表了一項田野研究，表明在連續工作、無法實現正常完整睡眠的狀態下，週期性的打盹能讓人們彌補由於睡眠剝奪帶來的認知功能下降。不過，在他的實驗中，無論怎樣的多相睡眠策略也都無法讓人們達到和正常睡眠一樣的精神狀態和認知表現。

因此，他在《為什麼我們打盹：進化，時間生物學，多相和超短波睡眠的功能》一書中總結，當睡眠剝奪不可避免時，系統的短時間打盹可以在一定程度上保證人們的最佳狀態。但他並不提倡將多相睡眠當作一種生活方式，因為如果想要通過多相睡眠來增加工作時間，睡眠的品質和數量必然會受到嚴重影響，長期下去只會產生類似睡眠剝奪的症狀，也根本無法提高創造力。

來自軍方的研究或許更能說明問題

多相睡眠的方式引起了軍方的高度重視，因為戰時突發狀況多，如果能運用多相睡眠來保持充沛的精力，將是個不錯的解決方法。根據美國軍方關於克服疲勞的研究報告，要採取多相睡眠，每個人每次打盹的時間應當保持在至少45分鐘，多於兩小時則更好。總的來說，如果單次打盹的時間較短，則打盹的頻率應當增加，總體要保持每天八個小時的睡眠時間。

美國國家航空和航太管理局也同樣對打盹進行了研究，因為太空人也常常由於緊張而無法保持八小時的充足睡眠。賓夕法尼亞醫學院的教授進行了這項對睡眠時程的研究，將「錨睡眠」也就是基礎睡眠時間控制在四到八小時，而將打盹的時間控制在0~2.5小時不等。他發現，長時間的打盹更有利於認知功能的發揮。被試者的基本的警覺性和工作記憶任務上的表現都因為打盹而有所提高。不過，白天的打盹對工作有益，但晚上如果打盹而不是進行正常的睡眠，則會引起睡眠後遲鈍這樣一種睡眠惺忪的狀態。

這些研究都顯示，為了應對一些特殊情況，合理安排多相睡眠的時間和方式或許可行，但無論如何也不可能讓總睡眠時間縮短到僅僅兩個小時。

謠言粉碎。

雖然多相睡眠看起來可能能一些人身上奏效，但由於很少有人能夠真正堅持下來，所以確鑿的科學研究也很難進行。不過，依據其他對睡眠的研究，專家建議大家最好還是在晚上十點到早上七點的黃金睡眠時間中睡夠八到九個小時。如果實在遇到緊急的情況，或許可以嘗試使用打盹的方式讓身體得到片刻輕鬆。不過這種方法只能是對基本睡眠的一種補充，如果將其作為主要的睡眠模式，則很可能由於干擾生物節律而產生負面的效果。

別看人家成果斐然就以為人家不睡覺嘛。很多時候你不是時間不夠，而是時間被浪費了。

參|考|資|料

[1] Wikipedia: Polyphasic sleep

[2] Polyphasic Sleep: Facts and Myth

[3] Stampi, C. (1989). Polyphasic sleep strategies improve prolonged sustained performance: A field study on 99 sailors. Work & Stress, 3(1).

行軍蟻真的是大殺器嗎？

◎紅色皇后

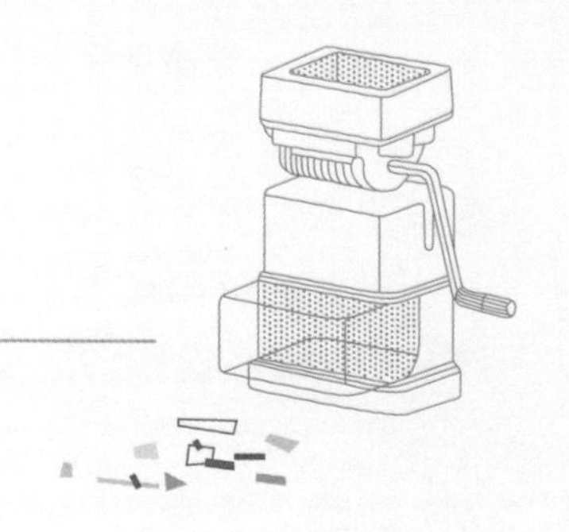

Q

行軍蟻是最為可怕的昆蟲，牠們結成數以萬計的大群，遇人殺人，遇佛殺佛，連豹子和蟒蛇都會被牠們啃為白骨。

傳說裡的行軍蟻是什麼樣子？

行軍蟻的傳說由來已久，1986年的《讀者文摘》（今《讀者》雜誌）就登載過亞馬遜河農場被「長達十公里，寬達五公里的褐色蟻群」襲擊的故事，這個故事是摘選自1983年的《風采》雜誌。該傳說的衍生版本不計其數，盜墓小說鼻祖、天下霸唱的

《鬼吹燈》中也有行軍蟻的出場。載於1998年《奧秘》雜誌上的故事，甚至講到行軍蟻生活在沙漠中，以黃金為食。

首先聲明，生物當然不能靠重金屬單質獲得能量。螞蟻吃不了黃金，但關於螞蟻、沙漠和黃金的傳說古而有之。早在古希臘，作家希羅多德（Herodotus）在他的《歷史》（The Histories）中，就記載了掘金蟻的傳說。傳說這種螞蟻體型比狐狸還大，能挖出地下埋藏的金礦，印度人會騎著駱駝來偷它們的金子，然後掉頭就跑，因為掘金蟻的速度之快舉世無雙。

一些定居的螞蟻（不是行軍蟻）會在蟻塚（土堆狀的蟻窩）外面鋪一些小石子，因為石子的導熱效果比泥土好，可以起到取暖的作用，有時候螞蟻的「石子太陽能取暖器」裡會混著沙金。研究螞蟻的泰斗，美國生物學家威爾遜（Edward O. Wilson）認為，這可能就是掘金蟻傳說的來源。也有人認為掘金蟻的原型是土撥鼠，牠們挖洞時偶爾會帶出地下的沙金。

真正的行軍蟻又是什麼樣子？

昆蟲學上的行軍蟻（Army Ant）一詞，是指多種集群覓食，沒有固定巢穴的螞蟻，牠們分屬蟻科（Formicidae）的三個家族：行軍蟻亞科（Dorylinae）、雙節行軍蟻亞科（Aenictinae）和遊蟻亞科（Ecitoninae）。美國昆蟲學家戈特瓦爾（William Gotwald）認為這三類行軍蟻雖然習性相似，卻是各有各自的祖先。行軍蟻起源在非洲，雙節行軍蟻在亞洲，遊蟻在美洲。

然而2003年，另一名美國昆蟲學家布拉迪（Sean G. Brady）研究了行軍蟻的基因、形態和近期發現的螞蟻化石，認為這三類行軍蟻有一個共同的祖先，牠們之間不是殊途同歸，而是同路人的關係。行軍蟻共同的老祖先可以追溯到白堊紀，那時美洲大陸與非洲大陸還是相連的。在一億年前，隨著兩塊陸地的分離，身在美洲的遊蟻家族，就和其他兩類同胞分開了。

所有的行軍蟻都生活在熱帶。行軍蟻和雙節行軍蟻在亞洲、非洲都有，遊蟻則在美洲。它們最喜歡的棲息地是熱帶雨林，食物匱乏的沙漠裡是沒有行軍蟻的。

一種典型的行軍蟻：布氏遊蟻

南美洲的布氏遊蟻（Eciton burchelli），可能是我們瞭解最多的一種行軍蟻。正如其名，行軍蟻是一支總是在「行進」的「大軍」，而布氏遊蟻沒有固定的家，只在一個地方定居兩三個星期，然後再花兩、三個星期遷往下一個地方。布氏游蟻的臨時「軍營」通常駐紮在樹幹上，螞蟻們抱成一團，把幼蟲和蟻后保護在內。

天亮之後，布氏遊蟻的大軍就開始巡視森林了，它們排成幾十公尺長的縱隊離開巢穴，然後在縱隊前端成樹冠狀散開，形成寬達15公尺的巨大扇形，像鐮刀般收割叢林地面上的一切小動物。昆蟲、蜘蛛、蠍子和蜈蚣都不能倖免，有時蜥蜴、蛇和雛鳥也會成為犧牲品。這些獵物不是當場吃掉，而是運回到後方的「軍營」裡去。在乾燥的天氣裡，這支大軍行走和屠戮的聲音人耳都聽得見。

許多種的螞蟻都會派出單獨的「偵察兵」來尋食，找到食物後再搬大部隊來幫忙。但行軍蟻無論偵察覓食、捕捉食物還是帶食物回巢，總是結成浩浩蕩蕩的龐大軍隊。牠們從來不會單獨行動。

一般來說，食肉動物的獵物都比自己小，但一群食肉動物集合起來，就可以制服比自己強大的獵物，狼和逆戟鯨（別名虎鯨、殺人鯨）都是如此。但狼群絕不會像布氏遊蟻那樣，形成如此恐怖的規模，每群布氏遊蟻的「蟻口」在15萬到70萬隻之間，總重可達一公斤。

蟻后是蟻群的生殖器。一般螞蟻的蟻后總在持續不停地產卵，可謂細水長流，但布氏遊蟻的蟻后產起卵來像是錢塘江大潮。大軍一旦在一個地方「駐紮」下來，她的卵巢就開始飛快地發育，膨脹得大腹便便；一周之後，她一口氣產下10萬到30萬粒卵，等這些卵孵化成幼蟲，軍隊就拔營前往下一個地方。蟻后也停止產卵，恢復「產後辣媽」體型，去追隨大部隊，她擁有強健的腿，能走長路。

所有三個亞科的行軍蟻，都具備布氏遊蟻的三個特徵：沒有定居，集群覓食，蟻后擁有短時間大批產卵的能力和適於遷徙的體格；無一例外。其他一些種類的螞蟻，可能會在某些方面類似行軍蟻，但三個特徵兼備的只有行軍蟻。如切葉蟻亞科（Myrmicinae）的全異巨首蟻（學名 Pheidologeton diversus），也會成群結隊地剿殺昆蟲，差別是全異巨首蟻通常在一個地方定居很久。

行軍蟻到底有多可怕？

這個世界上最強大的行軍蟻，可能是生活在西非的威氏行軍蟻（Dorylus wilverthi），牠的蟻群規模可達200萬到2000萬隻，蟻后一個月能產卵400萬粒。這支大軍的總重量達到20公斤，覓食大軍的縱隊出發時，綿延近100公尺——雖然沒有像傳說裡那樣長達十公里，不過也夠可怕的了。

美國傳教士兼博物學家賽威芝（Thomas S. Savage）在1847年發表過一篇恐怖而精彩的論文，描述威氏行軍蟻是如何襲擊民居的。牠們長驅直入，向屋子裡的「原住民」——老鼠、甲蟲、蟑螂等——發動大戰，也不放過人儲藏的鮮肉和油脂，有時甚至關起來的家禽、猴子，圈裡的豬，都會被活活咬死。

哇噢！既然威氏行軍蟻如此生猛，吃個人應該沒問題吧？但2007年的一次研究顯示，威氏行軍蟻90%的食物都是昆蟲。原因很簡單，雖然體型小可以靠數量來彌補，但步伐小是沒有辦法的。單隻螞蟻每小時可以前進約100公尺，而整個蟻群要慢得多。威氏行軍蟻大隊的前進速度是每小時20公尺，相比之下，連樹懶的時速都有1.9公里……你還害怕它們嗎？

雖然對昆蟲甚至蜥蜴來說，遇上行軍蟻無異於收到死神下發的死刑令，但被行軍蟻幹掉的大型動物，多半是被人類關了禁閉，無路可逃的倒楣蛋。步伐夠大，或者速度夠快的動物，都可以跟行軍蟻泰然相處。在布氏游蟻大軍前進時，蟻鳥科（Formicariidae）的多種小鳥，都會停棲在樹幹上，等著捕食被螞蟻大部隊驚飛的昆蟲，有的蟻鳥甚至會以行軍蟻為食。

正如威爾遜在其著作《昆蟲的社會》（The Insect Societies）中所說：「森林裡任何一隻能幹的鼠類，更不用說人或大象，完全可以站在一旁，從容不迫地觀察思考貼近地面發生的暴烈的行為——不是一種威脅，而是一種驚奇，這是世界上能夠想像的，與哺乳動物不同的生物進化的最高境界！」

謠言粉碎。
行軍蟻並不是人擋殺人、佛擋殺佛的殺戮機器，雖然數量眾多，但牠們並不像傳聞中所說的，能覆蓋幾公里，而且由於移動速度太慢，對於腿腳健全的人類和其他行動較快的動物來說，並沒有殺傷力。

參|考|資|料

[1] 貝爾特．荷爾多布勒（Bert Holldobler），愛德華．威爾遜，螞蟻的故事——科學探索見聞錄，夏侯炳譯。海口：海南出版社，2003年。
[2] 愛德華．威爾遜，昆蟲的社會，王一民等譯。重慶：重慶出版社，2007年。

手機輻射讓植物產生「緊張分子」？

◎冷月如霜

法國的研究人員在把番茄置於手機的電磁波輻射中十分鐘後，番茄分泌了一種生物學家們十分熟悉的「緊張分子」，這種物質只有在植物腐爛的時候才會出現。經過推理，科學家們認為，手機的使用很可能會誘發人類的腦瘤、聽覺神經癌和不育症的發生。

這條流言不算是空穴來風，法國布萊茲－帕斯卡大學（Université Blaise Pascal）的阿蘭·維安（Alain Vian）在2006和2007年曾對電磁波輻射與番茄應激反應的聯繫做過了許多研究，並陸續發表了四篇學術論文。不過，無論是網路上的流言還是原始新聞[1]，都與原始文獻中的描述相差甚遠：實驗並沒有直接採用手機的電磁波輻射，番茄所產生的所謂「緊張分子」也並非只在植物腐爛時才會出現，而最後一句話則壓根沒有在論文中出現過。如果說前兩句還可以用沒看懂論文或不瞭解植物學來解釋的話，最後一句則屬於惡意的編造。

為啥研究番茄？

在有關輻射對生物影響的研究中，對象往往是動物。然而這項研究的主導者阿蘭認為，動物研究會帶來一些問題：動物會移動，無法精確地控制受輻射量；食物或營養可能對動物的生理狀況造成影響；經受輻射後，動物需要數天甚至數月的時間才會表現出相應的輻射影響，增大了其他非輻射因素影響動物的概率。這些問題的存在使得實驗中的變數太多，即便這些動物在經受輻射前後出現了行為上的異常，也很難肯定地把這些異常和輻射直接掛上鉤。而以植物為研究物件則可以規避這些問題：植物不會移動，較易控制受輻射量；只要提供恆定的光、溫度和水，植物通過光合作用形成的能量也會大致接近；植物對環境非常敏感，環境改變後幾分鐘內植物就能作出反應。由於這些特點，可以將輻射外的其他變數造成的影響降到最低，植物表現出的生理變化與輻射的關係就更容易確定。

為此，阿蘭搭建了一個能遮罩外界輻射的小屋，讓研究物件——番茄和產生輻射的天線共處一室，接受頻率為900兆赫茲，強度為5伏特/公尺的輻射（參照2006年GSM手機的平均信號豐度）。而作為對照組的番茄則套上一層鋁箔的外殼，遮罩了90%以上的輻射量。在經受輻射二到十分鐘後（模擬打電話的時間），阿蘭開始分析起這些番茄的「緊張分子」。

等一下！什麼是「緊張分子」？

在原文中，阿蘭分析的是「stress-related genes」，即和應激反應有關的基因。撇去原新聞作者的胡亂翻譯不談，這些基因會隨著環境的變化而迅速作出應答。在研究[2]中，阿蘭主要關注了三個基因：鈣調蛋白N6基因（Calmodulin-N6），蛋白酶抑制劑II基因（Protease Inhibitor II，PIN2）以及葉綠體mRNA結合蛋白基因（Chloroplast mRNA-Binding Protein，CMBP）。阿蘭在輻射停止後的15分鐘、30分鐘和60分鐘時檢測了這些基因的mRNA含量，發現這些基因相應的mRNA含量比對照組都有所上升，15分鐘時最為顯著，高達四到六倍。

然而阿蘭的研究依然停留在比較初級的層面。除了mRNA的含量之外，阿蘭並沒有做更深入的檢測——這些mRNA是否合成了更多的蛋白？這些蛋白又是否引起了其他應激分子的反應？在沒有回答這些問題之前，單純的mRNA含量上升並不能說明什麼問題。在文中，阿蘭承認說這種上升固然可能是mRNA合成速率的提高所引發（例如確實發生了應激反應），但也有可能是因為未知的原因使植物自身mRNA降解速率降低所導致[3]。

這項研究與人類健康的關係

即便這些基因的mRNA含量上升的確導致了植物體內相應蛋白含量的上升，想要證明這種當量的輻射對人體會有影響依然為時過早。首先這些蛋白作用的生化途徑在人體內或許並不存在。通過現有的研究我們瞭解到，鈣調蛋白N6能夠對機械力刺激作出反應，並使自己的表達量上升[4]，但它在模式生物擬南芥中卻與幼苗的發育有關[5][6]。蛋白酶抑制劑II是一類蛋白酶抑制蛋白，在植物被細菌或者昆蟲「攻擊」而「受傷」後，這類基因的表達量會上升，並能參與到茉莉酸和脫落酸引導的複雜的應答網路中[7][8]。而葉綠體mRNA結合蛋白CMBP在植物不幸被火燒傷後表達量也會大量上升[9]。人類自然不會有幼苗發育的過程，也不會受植物激素茉莉酸和脫落酸的影響，更別說帶有葉綠體以及其結合蛋白了。

其次，阿蘭認為同樣體積的植物相較動物而言有著更大的表面積，從而更容易受輻射的影響。同樣強度的輻射源，植物要比動物接受到更多的輻射。正如阿蘭在文中[10]最後說的那樣，對於接受電磁場輻射而言，植物和動物結構上的差異可能是至關重要的。即便植物真的由於這些輻射而產生了應激反應，這也不代表動物也一定會因為這些輻射而產生什麼反應。對於同等體積下表面積遠小於植物的人類而言，能夠接受到的輻射強度也不會像植物那麼大。

其實，最關鍵的問題還在於，植物實驗的結果能推理到動物身上嗎？阿蘭同學為了回答這個問題，在2010年做了後續的實驗。在成功建立了植物受輻射影響的模型後，阿蘭同學終於把研究的目光轉向了人類的表皮細胞。在培養基中，人類表皮細胞可以長成薄薄的一層，與植物葉片的結構非常相似。然而在同樣的輻射條件下，阿蘭發現人的表皮細胞並不受輻射電磁場的影響[11]。

手機輻射與人體健康已是老生常談了。從手機當量的輻射讓植物產生「緊張分子」到後續對人表皮細胞所做的研究，阿蘭並未說手機輻射「很可能會誘發人類的腦瘤、聽覺神經癌和不育症的發生」。用科學界對於日常生活中這類輻射的基本看法來說：「目前無可信的證據能證明微弱的射頻信號會對人體健康產生影響。」

謠言粉碎。

作為一名手機用戶，大家關心使用手機對健康的影響實屬正常，但也要謹防有人利用這種心理來傳播謠言。原始論文中完全沒有提及這項研究與人類健康的關係，原作者甚至還呼籲不要過分地放大他的研究成果。而流言（以及原新聞相關的片段）歪曲了原始論文的觀點，將這項研究作為推出「人類的腦瘤、聽覺神經癌和不育症」的基礎，這是和原作者的精神相悖的！至於手機輻射對人體健康的影響，目前在綜合了大量實驗證據之後得出的結論是：「並沒有證據證明其有害」。雖然要想平息人們對手機輻射危害的猜疑還需要更多的實驗驗證，但僅憑對這項植物研究成果的誤讀和自説自話就斷定手機輻射對人體健康有那麼大的危害，顯然是非常不科學的。

參|考|資|料

[1] 輻射下西紅柿分泌“ 緊張分子”

[2] Electromagnetic fields (900 MHz) evoke consistent molecular responses in tomato plants. Roux et al., Physiologia Plantarum 128.

[3] Tianbao Yang and B.W. Poovaiah. Calcium/calmodulin-mediated signal network in plants. TRENDS in Plant Science, Vol.8 No.10, October 2003.

[4] Nathalie Depege, Catherine Thonat, Catherine Coutand, Jean-Louis Julien and Nicole Boyer. Morphological Responses and Molecular Modifications in Tomato Plants after Mechanical Stimulation. Plant Cell Physiol. 1997 38(10):

[5] NCBI: Calmodulin (N6)

[6] Ritu Kushwaha, Aparna Singh, and Sudip Chattopadhyay. Calmodulin7 Plays an Important Role as Transcriptional Regulator in Arabidopsis Seedling Development. The Plant Cell, Vol. 20, July 2008.

[7] Claus Wasternack et al. The wound response in tomato – Role of jasmonic acid. Journal of Plant Physiology ,163 (2006).

[8] Cortes et al. Signals involved in wound-induced proteinasc inhibitor II gene expression in tomato and potato plants. Proc. Natl. Acad. Sci. USA, Vol. 92, May 1995.

[9] Vian et al. Rapid and Systemic Accumulation of Chloroplast mRNA Binding Protein Transcripts after Flame Stimulus in Tomato. Plant Physiol. 1999 October; 121(2).

[10] Vian et al. Plants Respond to GSM-Like Radiation. Plant Signaling & Behavior 2:6, November/December 2007.

[11] Roux et al. Human Keratinocytes in Culture Exhibit No Response When Expose d to Short Duration, Low Amplitude, High Frequency (900 MHz) Electromagnetic Fields in a Reverberation Chamber. Bioelectromagnetics 32 (2010).

輻射超標的省電燈泡還能用嗎？

◎Albert_JIAO

Q

省電燈泡在打開的狀態下，在一公尺近距離範圍內，輻射超過40伏特/公尺的輻射安全標準值，普遍資料在200伏特/公尺，有的甚至達到390伏特/公尺。專家建議檯燈和床頭燈切勿使用省電燈泡。專家表示，監管部門應要求廠商寫清楚安全使用須知，以保障民眾的知情權。[1]

上述流言源自一則新聞報導[2]，專業人員對市場上十款省電燈泡進行了輻射測試。家電的輻射問題人人都非常關注，那此次的測量結果是否可信呢？

我們知道，輻射根據種類和頻率的不同，對應的可能危害和安全限量也有很大的差別。新聞沒有具體指出測量結果是在哪一個頻率段上，但根據提到的「40伏特/公尺的輻射安全標準值」，我們可以推測，測量針對的是0.1~3兆赫茲頻段的電磁輻射——《電磁輻射防護規定》對這個頻段設定的安全標準正是40伏特/公尺。

0.1~3兆赫茲頻段的電磁輻射正常來講屬於收音機中波廣播使用的無線電波頻率，省電燈泡怎麼莫名其妙地變成廣播電臺了？[3]

省電燈泡為什麼會產生中頻電磁輻射？

白熾燈泡和舊式的日光燈管是不會有這一波段的輻射的，新聞中的測試也驗證了這一點。白熾燈泡主要依靠電流加熱燈泡裡的燈絲達到高溫發出光線，而日光燈則是因為燈管裡充滿著含有少量汞蒸汽的稀有氣體，這些氣體會在高電壓之下被電離產生紫外線，而紫外線照射到燈管內壁的螢光粉上產生可見光，照向四周。

白熾燈泡的主要缺點在於耗電嚴重，只有一小部分電能轉化成光能，其餘都轉化為熱能浪費掉了；日光燈管能量轉化效率比白熾燈泡高幾倍，但是舊式日光燈需要啟動器和安定器等部件，啟動耗費時間相對較長，燈管體積也比較大。從發出光的品質來看，日光燈有「頻閃」的缺點，發出的光會有人眼可察覺的明暗閃爍，容易引起視覺疲勞。

白熾燈和日光燈也有輻射，但是它們的輻射中除了可見光以外，只有一些50赫茲左右的低頻電磁場，這些電磁場在各種電器中都存在，遠低於安全標準。另外日光燈還會輻射出微量紫外線，但是強度極低，不會帶來明顯的危險。兩者都不會輻射出更高頻率的電磁輻射。

省電燈泡與這兩者則有所不同。作為一種比較高級的日光燈，它的好處在於結合了白熾燈泡和日光燈管的優點。省電燈泡的大小和白熾燈差不多，但是原理和日光燈類似，所以它比白熾燈省電，啟動時使用的電子安定器可以讓燈泡快速亮起來。省電燈泡裡的電子電路還可以把50赫茲的電壓轉換為20~50千赫茲的高頻率電壓，在高頻率電壓電離之下，內部的氣體發出的紫外線可以讓三種或者更多種的螢光粉發光。相比於只有一種顏色螢光粉的普通日光燈，它發出的光顏色更加均勻。同時由於閃動頻率非常快（幾十千赫茲），近乎一直在亮，沒有普通日光燈的「頻閃」問題，這點也為省電燈泡在保護視力上加分。

可是「成也蕭何，敗也蕭何」，省電燈泡雖然相比於傳統的兩種燈有種種優點，但正是因為內部的高頻電壓，使得省電燈泡會產生白熾燈和日光燈所沒有的0.1~3兆赫茲波段的額外電磁輻射。

瑞士聯邦技術學院的研究人員在2010年也曾搜集當地市面的省電燈泡做過類似的測量，並且提供了更加詳細和全面的研究報告[4]。按照瑞士研究者的測量，在距離省電燈泡十釐米的位置，9,000赫茲到1兆赫茲波段電磁輻射的電場強度基本在68~150伏特/公尺之間，最大的一個甚至達到433伏特/公尺，全部超標；而在30釐米的位置測試，電場強度都降到了10~20伏特/公尺，只有十釐米處的1/6~1/7。

省電燈泡安全嗎？

其實說到安全性，不同標準的上限值是有所不同的。例如台灣行政院環保署參考國際非游離輻射國際委員會（ICNIRP）於1998年發表之《非游離輻射環境國際準則》，低於87伏特/公尺（只適用於0.1~3兆赫茲）就算達標。另外，在評價安全性的時候，使用的標準、測量的指標不同，結果也就會有所不同。

此外，因為電磁輻射會隨著距離的增大而顯著衰減，理論上30釐米以外輻射強度可以降到十釐米以外強度的1/9，所以在新聞裡，測量儀器只要遠離燈泡，輻射數值就會大大下降。而在瑞士的研究報告裡也是一樣，當他們在離電燈20釐米的距離進行測量時，電燈輻射所感應出的電流大小（另一種更直接衡量輻射電場對人體影響的指標）平均都低於ICNIRP感應電流上限的20%，也就是說，那些省電燈泡儘管在十釐米處電場大小超標，但在20釐米處就可以看作是達標的。

我們平時使用省電燈泡的時候，身體不會緊貼著燈，總會保持著幾十釐米的距離，所以我們實際受到的電磁輻射會遠低於新聞測定的數值。另外，即使輻射超過了標準，也不意味著身體健康一定會出問題，目前科學界還沒有任何明顯的證據能證明這一類電磁輻射會誘發某一類疾病，各類安全標準都是從「以防萬一」的角度制定的，省電燈泡使用者不必過度擔心。

不過話說回來，省電燈泡的生產者應該盡可能讓產品在使用距離上的電磁輻射值相比於安全上限越小越好，不要打「擦邊球」。對於使用者來說，讓省電燈泡距離身體遠一些的確是降低輻射的好辦法。

A

謠言粉碎。

省電燈泡在很近的距離內，的確會產生超標的電磁輻射。不過，考慮到電磁場強度隨距離遞減的特性，只要和省電燈泡保持一定的距離，這些輻射超標程度便不會很大，而輻射超標也不等同於身體健康會受影響，使用者不必過度擔心。出於對消費者負責的態度，生產者如果能給出明確的安全標示或提醒會更好。

參|考|資|料

[1] 微博新聞：省電燈泡近距離，輻射值嚴重超標

[2] 省電燈泡近距離輻射資料遠超安全值

[3] 一般家用電器（60赫茲）約1~500毫高斯(mG)，台灣極低頻電磁場環境預警限制值為833mG。

[4] Final Report, Assessment of EM Exposure of Energy-Saving Bulbs & Possible Mitigation Strategies; Project BAG/08.004316/434.0001/-13 & BFE/15350. Jagadish Nadakuduti, Mark Douglas, Myles Capstick, Sven K uhn, Stefan Benkler, Niels Kuster.

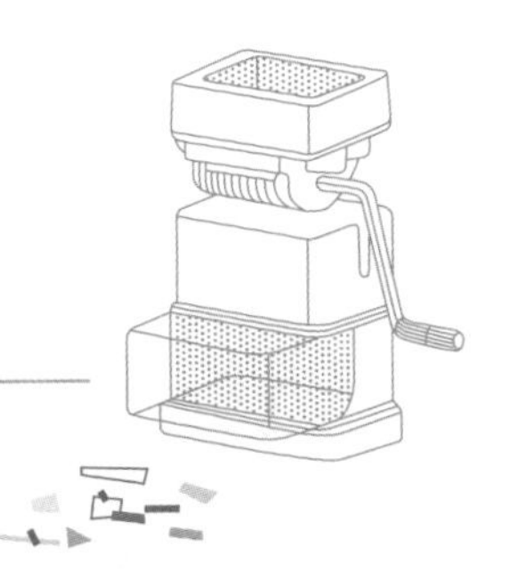

順產也要挨一刀

◎青年熊貓

Q

一篇有關會陰側切術的文章曾廣為流傳，其中提到：「所謂側切就是順產時孩子頭快露出來，醫生會剪開產婦的外陰，把孩子強行取出。100個順產的初產婦中約有99個會被側切。」

所謂側切，是會陰切開術的一種。會陰切開術根據切開位置的不同，有正中切開、中側切開、斜側切開等不同的術式。由於斜側切開不易傷及其他結構，所以使用最廣，故側切也就成了會陰切開術的代稱。

什麼時候要切？有什麼用？

「所謂側切就是順產時孩子頭快露出來，醫生會剪開產婦的外陰，把孩子強行取出。」這篇流言的第一句話就有錯誤，如果是面臨軟產道（包括子宮下段、宮頸、陰道及外陰）過窄而不採取措施，任其「正常分娩」，才是真正意義上的「強行取出」。

之所以要進行側切術是因為有時候會遇到母親會陰過緊、胎兒過大，或者母子情況緊急需要迅速完成分娩等情況。在這些情況下，進行側切就成了一個必要的手段，若是強行分娩的話，則可能會造成會陰軟組織的撕裂傷。側切術雖然也會造成一個傷口，但是這樣一個傷口的方向和大小都是可控制的，能夠避開重要的結構（如肛門括約肌等），而且切口整齊，恢復也更容易。反之，如果在需要側切的時候不進行這個操作，就可能造成撕裂傷，這樣的傷口通常是不整齊的，縫合起來難度高，而且產生的疤痕組織可能更大。如果傷及肛門括約肌甚至直腸等結構，可能會造成大便失禁等嚴重後果。

根據一項統計：瑞典1995到1997年的2,883例分娩中，僅6.6%的初產婦沒有出現任何的撕裂傷，而有16.6%的初產婦出現了廣泛的撕裂傷[1]。從中我們可以看出，產婦出現會陰撕裂傷的危險都是實實在在存在的。

另外，文中還質疑到：「咱們媽媽那代人以及之前的，都是自然順產的，哪有什麼側切、剖腹產啊！不也是好好的，沒出現什麼撕裂、什麼肛瘺的。」關於這一點，我們必須考慮到目前新生兒的個頭普遍比以前要大（以遼寧省人民醫院1990~2004年的統計為例，不同年代的足月新生兒體重均有明顯差異[2]），而較大的嬰兒更難順利產出。

其他國家怎麼做的？

目前世界上產婦側切率根據國家的不同有很大的差異。根據一項統計，在2000年前後，世界各國的初產婦的側切率在63.3%到近100%之間。這項統計說明了一個問題，就是發展中國家的側切率高於發達國家[3]。而中國（不包括港澳地區）2001年的總體資料（包括初產及經產婦）是82%[3]，考慮到國內產婦大多是初產，我們可以直接對比這兩個數字，可見中國的側切率差不多是中等程度。

對於側切術，醫療界對它的認識也在不斷的變化中。導致高側切率的「常規會陰切開（routine episiotomy）」就來自於曾經流行的「積極處理分娩模式（active management of labor）」理念。在這種理念中，孕婦的整個產程都應處於醫學監控之下，並且積極採用醫療措施[4]。這種處理模式首先得到了歐美國家的認可，因此就出現過側切的廣泛應用。

經過進一步研究之後，目前包括WHO在內的各種醫療管理指導機構都推薦，側切術應在相應的指證下進行，也就是說要限制側切術的使用範圍。一些發達國家制定了相應的操作指南並付諸實施[3]。以WHO發佈的一份指南為例，會陰切開術被認為僅應在下列情況中使用：

1. 經產道生產的情況複雜，包括臀先露、肩先露的難產；

2. 產道原有疤痕（會降低產道的韌性，更容易撕裂）；
3. 出現胎兒窘迫（包括在母體內因為缺氧導致的一系列症狀）[5]。

在早先WHO發佈的另外一份指南中，認為如果可能出現嚴重的撕裂傷，也應進行會陰切開[6]。

法國對側切術的指證採取了更嚴格的限制之後，總體側切率從43.48%下降到32.32%，同時輕度的會陰撕裂傷（未傷及肛門括約肌）從27.56%上升到36.61%，而重度的會陰撕裂傷比例和新生兒缺氧的發生比例沒有明顯的變化[7]。從這些數字我們可以看出，即使是在法國這個發達國家，當採用了更嚴格的操作指證後，依然有約三成的側切率，並且這還是包括了初產婦和經產婦的整體比率，所以流言網文中所說「絕大多數產婦（90%以上）根本不需要側切術」是完全沒有根據的。其次，側切率下降之後，發生輕度會陰撕裂的概率有明顯上升，這再次證明側切術的確有保護作用。

美國的情況和法國差不多。在1979年美國的總體側切率（包括初產婦和經產婦）是60.9%，但在2004年下降到24.5%[8]。在2006年，美國婦產科學院（ACOG）認為，現有的資料並不支援每個產婦都做陰道側切術，但也不是說完全不要做，例如在避免產婦產生嚴重的撕裂，或在有助於加快困難的分娩時，側切術還是很有必要的。[9]

由此可見，因為中國的醫療理念和發達國家不盡相同，加上與病患的關係緊張也使得醫生傾向於採用保護性的措施，這都使得中國採取側切術的概率比發達國家高。但側切術絕不是流言中說的那樣「是顆毒瘤」。

謠言粉碎。

必須承認，相對於發達國家，中國的側切率的確比較高。但是，側切術的適用範圍並不是像流言中描述的那樣小，國內醫院也並不會進行近100%的側切手術。即便是在理念與技術都比較先進的發達國家，側切術仍然有不小的實施比例。因此，沒有必要談「切」色變。真正面臨這些問題的時候，積極地與醫師溝通、瞭解情況並做出合理選擇，才是正確的做法。

參|考|資|料

[1] Samuelsson E, Ladfors L, Lindblom BG, et al. A prospective observational study on tears during vaginal delivery: occurrences and risk factors. Acta Obstet Gynecol Scand. 2002 Jan;81(1).

[2] 程桂平、鄧麗娟、張晉等，不同年代新生兒出生體重分析。中國公共衛生，2008,24(5).

[3] (1, 2, 3) Ian D. Graham, Guillermo Carroli, Christine Davies, et al. Episiotomy Rates Around the World: An Update. BIRTH 2005,32(3).

[4] 曹澤毅主編，中華婦產科學（第二版），人民衛生出版社，2004。

[5] World Health Organization. Managing Complications in Pregnancy and Childbirth. Section 3—Procedures. 2000.

[6] World Health Organization. Care during the second stage of labor. In: Care in Normal Birth: A Practical Guide.1996.

[7] Koskas, M; Caillod, AL; Fauconnier, A, et al. Maternal and neonatal consequences induced by the French recommendations for episiotomy practice. Monocentric study about 5409 vaginal deliveries. GYNECOLOGIE OBSTETRIQUE & FERTILITE. 2009,37 (9).

[8] Frankman EA, Wang L, Bunker CH, et al. Episiotomy in the United States: has anything changed? AMERICAN JOURNAL OF OBSTETRICS AND GYNECOLOGY. 2009,200(5).

[9] Practice Guidelines Issued for Use of Episiotomy

黑人女孩變身白人？確實有可能

◎和諧大巴

麥克·傑克森生前曾對大家解釋，自己變白是因為患了白癜風，但很少有人相信他的話。現在，有一個活生生的例子擺在大家面前。現年23歲的女孩達賽爾·德瓦特曾經是個黑人女孩，五歲時被醫生診斷為白癜風，而到17歲時她就完全變成了一個白人了。

黑皮膚變白，這事確實有可能。流言裡的黑人女孩是《每日郵報》2009年報導的案例[1]，此前也有類似報導，是關於一名黑人男子的[2]。而最知名的病例應該是深受世界人民愛戴的麥可·傑克森，這位皮膚白皙的黑人常常因為膚色受到一些人的非難，但其實他的白色皮膚是被白癜風「漂白」的。仔細觀察他在不同時期拍攝的照片，我們就可以發現一些白癜風發展的過程。

什麼是白癜風？

白癜風（Vitiligo）是一種表皮色素脫失性疾病。我們知道，皮膚顏色主要取決於黑色素的數量和分佈。表皮黑色素細胞產生黑色素，並通過樹枝狀突起輸送給周圍約10到36個角質形成細胞，使皮膚呈現均勻一致的顏色。當黑色素細胞數量缺乏，導致黑色素不產生，就會在皮膚上出現白斑，俗稱白癜風。[3]

至於它的發病機制，目前還沒有完全弄清楚。相關的學說非常多，綜合看來，白癜風的發生是具有遺傳素質的個體在多種內外因素的激發下，誘導了免疫功能異常、神經精神以及內分泌代謝異常等，從而導致酪氨酸酶系統的抑制或黑素細胞的破壞，最終引起皮膚色素的脫失。許多患者的發病與外傷、疾病和情緒緊張有關，常常有白癜風發生於親人亡故或嚴重外傷後的案例，也有人發現曬傷反應可引起白癜風[4]。

少部分患者的色素脫失只局限在小部分皮膚，屬於局限型；更常見的是泛髮型白癜風，表現為白斑廣泛分佈於體表，並且會逐漸融合成大的白斑區，嚴重的泛髮型患者可能僅剩少許正常皮膚，即發展成了全身型白癜風。前面提到的幾個案例都屬於這種泛髮型到全身型的轉變。

白癜風不傳染！

泛髮型白癜風的白斑會擴展、融合，最終可能遍佈全身，彷彿傳染病一般。加上「白癜風」這一病名中有個「風」字的緣故，很容易將它和痲風等傳染病或是中風、抽風等急重症聯繫起來，使白癜風患者被「另眼相看」。但事實上，白癜風不是傳染病，不會從一個人傳播到另一個人身上，和白癜風患者的日常交往完全沒有風險，請完全放心地握手、擁抱、進餐，甚至接吻，他們是不該被歧視、需要得到大家認同的群體。

至於白癜風是否遺傳的問題，目前認為，白癜風不是一種遺傳病，但具有一定的遺傳背景。大於30%的患者的雙親之一、同胞或小孩中有白癜風，同卵雙生者也可能同時患有白癜風。患者小孩患白癜風的危險性尚不清楚，目前猜測這種可能性小於10%。[4]

白癜風能治好嗎？

由於白癜風的病因尚不十分清楚，因此也沒有根治的方法。有一些醫學手段可以幫助控制病情、恢復膚色，使皮膚顏色較為一致。對於一些早期的、小範圍的病變採用免疫抑制療法對於病情控制、皮損恢復會有一定的效果。此外，為了恢復皮膚顏色，還可以通過長波紫外線（UVA）照射來誘導色素再生。對於嚴重的泛髮型白癜風，只殘留較少正常皮膚，可以考慮通過脫色的方法使皮膚顏色均勻，但這樣的處理會帶來急性日曬傷的危險，要注意使用遮光劑進行防曬。除了這些醫學手段，還可以使用防曬劑或是遮蓋的方法，在短期內讓皮膚表面顏色變深，使色斑看起來不明顯。

如何面對白癜風？

白癜風在中國的患病率約為0.1~2%，乘以龐大的人口基數，患者不在少數。在大多數情況下白癜風對身體健康沒有損害，無須治療。但是外表的不美觀會對心理健康和社會適應造成很大影響，甚至可能導致嚴重的社交困難，需要社會的理解和支援。除了消除社會歧視，患者自己建立信心也是很重要的。這裡不得不提著名導演馮小剛，他在回應自己的白癜風問題時甚至自嘲道：「即使治癒，我也變不成黃曉明。」並且在受訪時表示：「常遇到熱心人苦口婆心勸我治療臉上的白癜風且免費獻出祖傳秘方，在此一併叩謝。這病在下就惠存了。不是不識好歹，皆因諸事順遂，僅此小小報應遠比身患重疾丟了小命強多了。這是平衡。也讓厭惡我的人「有」的放矢出口惡氣。」[5]雖然報應、平衡什麼的說法並沒有道理，不過這種正面積極的心態是可取的，對於擺脫疾病的困擾，更好地融入社會生活非常有益。

A

流言屬實。

對於有美觀需求，需要接受醫學干預的患者，應當選擇正規的醫院診治，根據病情選擇適合的治療方法，切勿聽信偏方、秘方，賠了錢財又損害到自己的健康。另外，由於白癜風的自身免疫色彩，少部分患者可能會有一些合併的免疫病存在，應當注意這些免疫病的早診早治。

白癜風並不可怕，可怕的是對疾病的誤解！

參|考|資|料

[1] The black girl who turned into a white woman after vitiligo changed color of her entire body

[2] I turned from black to white: How a skin disorder changed a man's identity and his place in the world

[3] 張學軍主編，皮膚病學。人民衛生出版社，2005年。

[4] (1, 2) Klaus Wolff等原著，邵長庚主譯。Fitzpatrick臨床皮膚病學彩色圖譜。人民衛生出版社，2008年。

[5] 馮小剛首度回應白癜風：自嘲治癒也變不成黃曉明

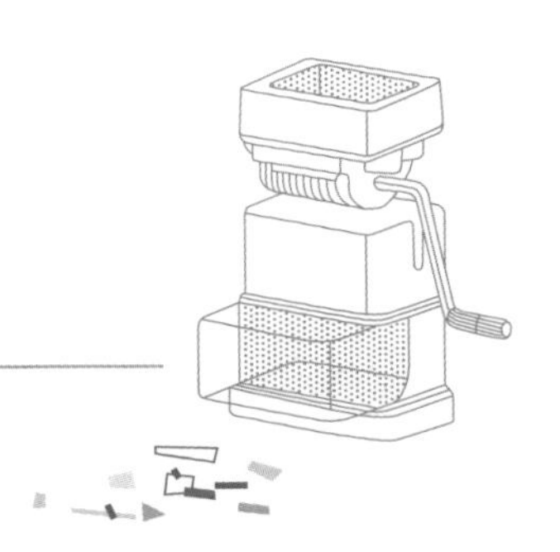

蚯蚓家的悲劇可能發生嗎？

◎Le Tournesol

Q

關於蚯蚓有一個著名的笑話：

蚯蚓一家這天很鬱悶，小蚯蚓想了想，把自己切成兩段，打羽毛球去了。蚯蚓媽媽覺得這方法不錯，就把自己切成四段，打麻將去了。過了一會，蚯蚓爸爸就把自己切成了肉末。蚯蚓媽媽哭著說：「你怎麼那麼傻，切得那麼碎會死的。」蚯蚓爸爸虛弱地說：「我…想踢足球……」

儘管再生能力看上去不可思議，但一些相對低等的動物確實具有再生的能力，這個笑話可以算是一個從科學上講基本正確的優秀段子。只是蚯蚓的再生並不是一件簡單的事，除了對體節數的要求，身體部位、環境條件都對存活與再生有很大的影響。不過迄今為止，對於再生的生理等方面的機制和緣由尚未完全弄清楚。

蚯蚓為什麼能再生？

再生（regeneration），顧名思義，就是失去的地方又重新生長出來並恢復原狀，再生部位的遺傳性狀和原來相同，它包括存活、適應和再生這一系列發生發展的過程。蚯蚓是環節動物，而再生是環節動物最有趣的特徵之一，這和環節動物的身體結構有著很大的關係。

簡單來說，蚯蚓的身體是由兩條兩頭尖的管子套在一起組成的，外層是體壁，內層是消化管，兩層之間的廣闊空腔是次生體腔，也稱為真體腔，縱向有隔膜將身體分隔成一個一個的環節。

蚯蚓維持基本生理活動的器官都是橫向貫穿全身的，例如消化管、排泄器官腎管和後腎管、位於腹部的神經（分節的神經中樞）等，在斷裂以後還能保留功能。特別要說明的是蚯蚓的血液循環系統。蚯蚓的背部和腹部各有一條貫穿全身的血管，這兩條血管依靠每個體節內部的毛細血管相連，獨立形成簡單的血液循環。當蚯蚓在平行於體節方向斷裂時，每個體節內部的組織器官由於尚能利用毛細血管的血液循環而不會壞死，這是保障斷裂後存活與再生的重要條件。

蚯蚓被切斷以後，斷面上會形成新的細胞團，形成栓塞將斷面閉合，防止失血、組織液流失及微生物入侵。只有重新形成閉合的體腔，它們才有可能存活下去，接下才是再生的階段。

對於再生，具體是什麼樣的機理現在還不清楚，仍舊有待深入的研究。目前主要有兩種不同的解釋假說，一種認為秘訣在於具有類似幹細胞的作用的中胚層細胞。當斷裂發生時，未分化的中胚層細胞會由體內迅速遷移到切面上，形成結節狀的再生芽，同時體內伴隨進行著大量有絲分裂，將消化、神經、血管等組織的細胞向再生芽部位生長。還有一種可能的假說是斷裂處的細胞會去分化，恢復到原始未分化的狀態，然後由這些細胞進行分裂、分化、生長，完成再生。

不是每種蚯蚓都是再生能手

世界上的蚯蚓大概有2,500餘種，不同種類的再生能力也相差很大。我們較為常見的陸正蚓（Lumbricus terrestris），又稱釣魚蟲，牠的再生能力就很差。如果你突發奇想來實踐一下，在你家後院挖上一條，多半會失敗。根據蓋茲（G. E. Gates）的研究結果，赤子愛勝蚓（Eisenia fetida）就會比陸正蚓再生出更多的體節，或許和低等種類的再生能力比高等種類的強有關，但也不是絕對的。

不同部分的再生能力差異也很大

大量關於蚯蚓再生的實驗研究，主要是使用赤子愛勝蚓作為實驗材料，將它從不同位置切斷，發現從頭至尾都有再生能力，但每段的再生能力、存活率、存活時間都不同，從身體前到身體後再生能力逐漸降低，再生體節數取決於剩下的身體長度。

對於不同位置切斷的蚯蚓來說，再生能力最強的是有頭無尾的體段，再來是無頭無尾的體段，最弱的是無頭有尾的體段；所剩體段越長，再生能力越強，存活率越高，存活時間越長。神經系統保留得越完整，再生恢復的速度越快。有生殖環存在的體段，其再生的處理速度和存活率都很高。

蚯蚓再生出尾端的時間通常比頭部短。其實很好理解，因為腦、生殖器官等重要的器官都集中在頭部，所以再生頭部的時間會比較長；而尾端只有消化管和肛門，消化管的長短並不會對於消化功能產生巨大的影響，因此大多數蚯蚓選擇儘快長出肛門，因而體節數會比斷裂前少。

神奇的是，無頭無尾蚯蚓體段的頭部、尾部都可以再生！但這樣的個體，除非是年輕的且個體健康狀況非常良好，才可能在斷掉之後長出完整的個體。因為沒有口腔，牠將無法進食，很容易在再生過程中因為消耗過多的能量而死去。

蚯蚓再生的環境條件

即使有了結構和生理的基礎，再生也不是水到渠成的事，還受到許多環境條件的影響。再生情況和存活率都受到土壤含水量、溫度、氧氣濃度和營養等的影響。

蚯蚓是變溫動物，體溫隨著外界環境溫度的變化而變化。環境溫度不僅影響蚯蚓的體溫和活動，還影響蚯蚓的新陳代謝、生長發育及繁殖等，因此對再生的影響也就不言而喻了。根據摩門特（G. B. Moment）的研究結果，25℃條件下的再生速度比20℃和30℃都快（這位美國科學家一生花了幾十年的時間研究蚯蚓的再生，包括各種化學物質和X射線等對再生的影響，發現了很多有意思的結果）。

對水生蚯蚓來說，氧氣濃度也是影響再生和存活的重要因素，氧氣濃度低時，再生會減少，但當氧氣濃度過高時，死亡率又會升高。只有遇到合適的氧氣濃度，斷掉的蚯蚓才能存活並再生完全。

A

謠言部分屬實。

作為環節動物的一員，蚯蚓具有再生的能力，不過這種能力受到物種、斷裂體節位置和數量、環境溫度、濕度、含氧量等諸多因素的影響。蚯蚓一家行事要謹慎呀！

參|考|資|料

[1] Muler W. A.著，黃秀英、勞為德、鄭瑞珍等譯，發育生物學（Developmental Biology），高等教育出版社，2006年。

[2] 肖能文、戈峰、吳曉莆、李俊生、羅建武，蚯蚓再生研究進展，2009年10期。

[3] GATES G. E. Regeneration in an earthworm, Eisenia foetida (Savigny) 1826. I, II. Boil Bull, 1949, 1950.

[4] MOMENT G. B. The relation of body level, temperature and nutrition to regeneration growth. J. Morph, 1943, 73.

流沙能吞沒活人嗎？

◎水軍總啼嘟

據統計，20世紀60年代有3%的電影裡都有流沙或者淤泥活生生吞沒人的橋段，此後的不少影視音樂作品裡也都有流沙出鏡。畫面上，流沙那地獄般可怕的吸力和遇難者那蒼白無力的反抗所呈現的強烈對比，確實足夠震撼人心。但是在現實中，這樣生吞活人的流沙到底存不存在？它們又是否如編劇和作家筆下描述的那麼可怕呢？

一次實驗擊破謠言

2005年，著名學術期刊《自然》雜誌的一篇論文——《流沙在壓力下的液化》[1]似乎為人們找到了答案。來自荷蘭阿姆斯特丹和法國巴黎的四位科學家試圖在實驗室裡重新「發明」流沙。他們研究了從伊朗沙漠裡帶來的流沙樣本，並且進行了力學和流變學的研究。他們發現這些沙子由細沙、黏土以及鹹水組成。流變學實驗發現，這些樣本對於壓力極為敏感：在靜止情況下，這些沙子的黏性像黏土一樣隨時間慢慢增長；一旦壓力超過了某個臨界值，這些沙子的結構會在鹹水鹽分的干擾下徹底失去穩定性，於是其黏性發生幾個數量級的劇減而液化，同時沙子和水也會開始分離；分離的沙子和水分別形成局部沙土富含區和液體富含區，前者內部的黏性非常巨大。

當觀察到這些現象時，他們進一步推測，如果人和動物經過這種流沙頂部產生一個超過某個臨界值的壓力時，流沙會頃刻間迅速液化——人或者動物就會像突然踩入水池中一般落入流沙。如果人或者動物失去冷靜而拼命掙扎的話，流沙受到的壓力就會進一步增大，從而加速了本來就在進行的水沙的分離——沙土富含區域的出現使流沙局部黏度劇烈增長，於是，陷入流沙的人和動物就像掉入一種特製的越攪拌越黏稠的漿糊中一樣，越努力便會陷得越深、黏得越牢固。據估計，這個時候從流沙中抽出一條腿所需的力氣相當於提起一輛小汽車，所以如果直接拖拽深陷流沙中的人們，很有可能把人撕碎了也不可能成功營救他們。由此看來，流沙的確非常可怕，而且在流沙中掙扎也不是什麼好主意。

為了驗證人和動物陷入流沙以後是否會有「滅頂」之災，這些科學家們又進行了沉沒實驗。他們在流沙表面放置了一枚直徑四毫米的小球。儘管這種小球的密度大於流沙的平均密度，但是它仍然像浮球一樣堅挺的浮在流沙表面。為了模擬人和動物掙扎導致流沙運動的過程，他們給流沙樣品引入了震動，並且發現一旦震動的幅度超過了某個臨界值，小球就會快速的沉入流沙底部。縱觀整個實驗，他們總結道：因為人體密度小於流沙平均密度，更遠遠小於鋁球密度，所以人體可以「漂浮」在流沙之上。即使最壞的情況下，人畜也只會半沒在流沙中，沒有「滅頂之災」。我們似乎可以鬆口氣，以後去野外遊玩再也不怕這些流沙了吧！

這篇文章發表在科學的聖殿——《自然》雜誌上，所以它備受追捧。隨之而來的一系列科普文章和科普電視節目，例如美國Discovery頻道的《流言終結者》，都針對流沙進行了所謂的「流言終結」。似乎又一個大團圓結局完美呈現在了觀眾眼前：首先無腦的好萊塢電影臆造出了一種可怕的災難；接著，電影公司利用人們的恐懼心理賺足了鈔票；然而，嚴肅的科學家們排除干擾獨立地發現了自然規律；最後，偉大的科學傳播者們發現了科學家們的研究，幫助大眾戳破了又一個聳人聽聞的謠言。

且慢！又一次實驗再掀波瀾

2009年的一篇論文[2]卻給這個圓滿的故事掀起了新的波瀾。

來自瑞士蘇黎世理工大學和巴西賽阿拉聯邦大學的六位科學家考察了巴西東北部一處國家公園的流沙地，並在實地進行了測量和實驗。他們發現，一旦陷入該地區的流沙，無論人還是動物都會迅速沉入流沙底部。幸運的是，他們進行觀測的流沙只有一公尺深，還不會滅頂（小朋友們要注意啦！）。並且在該地區，他們也沒有發現超過一公尺深的流沙陷阱。但是他們總結說，一旦形成深達兩公尺以上的流沙池，被流沙活活吞噬並非天方夜譚。

巴西拉克依斯馬拉赫塞斯（Lencois Maranhenses）國家公園的沙丘，雨季時形成的水灣是流沙的多發地，瑞士科學家對流沙的實地研究就在此進行[2]。

他們針對《自然》雜誌文章的沉沒實驗進行了進一步辯駁：首先，鹹水並非流沙形成的一個關鍵因素，因為在他們考察的地區，沙土和淡水的混合物也能形成流沙。其次，流沙在本地形成了一種精確的相互平衡的結構，如果對其進行擾動，它的結構就會遭到破壞。因此，他們質疑《自然》上該文的實驗方法——實驗室重現流沙。他們解釋道，因為我們對流沙的精確結構知之甚少，甚至於定義都非常模糊，而且流沙本身沒有記憶性，一旦被干擾，樣本就很難恢復原狀。換句話說，流沙仿佛一種一次性魔法，用過以後，它的魔力就會損失殆盡。所以研究實驗室中挖掘出來的流沙而並非研究在當地自然形成的流沙，很有可能相當於在研究一種失去魔力的普通沙土，並非真的流沙。

即便《自然》雜誌一文受到了實地考察結果的挑戰，但它仍不失為流沙研究的一座里程碑。該文對流沙流變學的機理剖析也堪稱深刻。目前的研究結果已經揭示了流沙的可怕面目，為如何從流沙逃生和如何營救流沙遇難者提供了依據——一旦不幸落入流沙，人們首先要保持冷靜，並且緩慢地移動身體，讓身體和流沙表面形成一定角度，從而增大接觸面積、降低壓強，避免沙土進一步液化，從而伺機逃生[3]；如果有條件，營救者應該為流沙進行高壓注水，稀釋沙土富含區，從而阻止沙土分離以降低流沙的黏度，然後再設法吊起落難者[4]。

謠言粉碎。
實地考察流沙的結果顯示，「人體密度小於流沙平均密度，所以人不會被流沙吞沒，甚至可以「漂浮」在流沙之上」的說法並不正確。不過，目前科學界對流沙的精確結構知之甚少，不同的流沙可能也會出現不同的結果。認識到流沙的威力，在面對的時候保持冷靜，採取正確的應對措施才是最重要的。

參|考|資|料

[1] Khaldoun A., Eiser E., Wegdam G. H. and Daniel Bonn Rheology: Liquefaction of quicksand under stress. Nature 437, 635 (29 September 2005)

[2] Dirk Kadau, Hans J Herrmann, José S Andrade, Ascanio D Araújo, Luiz J C Bezerra, Luis P Maia Living quicksand. Granular Matter Volume 11, Number 1 (2009).

[3] 《荒野求生》——撒哈拉流沙

[4] BBC節目——《死亡流沙》

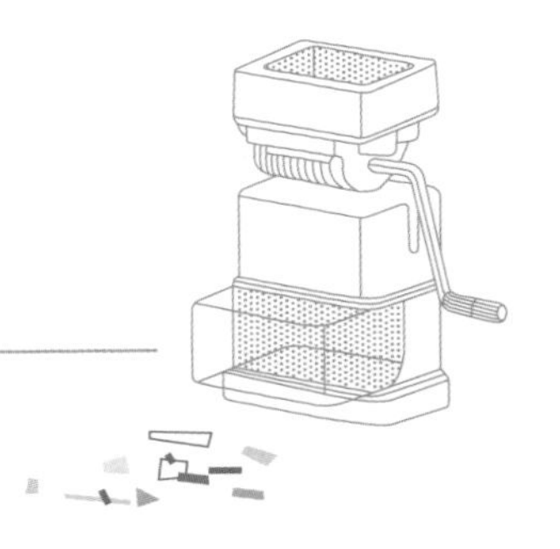

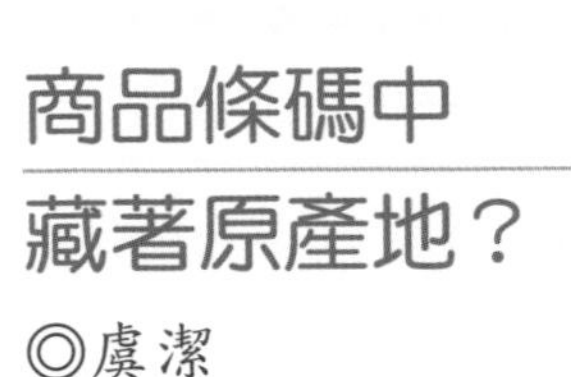

商品條碼中藏著原產地？

◎虞潔

Q

奶粉包裝袋或罐上的條碼，根據國際標準化規定，條碼的前幾位表示產地，其中，台灣的產地編碼是「471」，中國的是「690~695」，日本則為「45、49」。不管是台灣服飾，還是進口後在台灣分裝包裝的進口服飾，都需要標註471開頭條碼，如果不是471，則不是台灣生產，肯定為原裝進口。

商品條碼與商品原產地無關。條碼前三位471僅代表該條碼的註冊國是台灣，其原產地或者分裝地可能是世界上任何一個國家。同樣，條碼前三位非471的商品的原產國，也可能是台灣。通過商品條碼判斷原產地的方法不可靠。

什麼是條碼？

說到條碼，我們最為熟悉的，莫過於在超商結帳時候，收銀員將每一件商品包裝上的條碼對著條碼掃描器，一道紅光過後，這件商品的品名、規格、價格等等各種資訊就立刻反映在了電腦中。那麼，這樣小小一個條碼中，究竟藏了多少商品資訊？作為消費者，我們是否可以從條碼中找到包括原產地在內的各種資訊呢？

商品條碼（Bar code）由一組黑白相間、粗細不同的線條，規則排列及其對應代碼組成，是表示商品特定資訊的標識[1]。商品條碼在全球範圍內具有唯一性。這樣的唯一性通過一個名為GS1的全球統一標識系統得以實現。在這個系統中，每種貿易項目都擁有一個獨特的商品全球貿易項目代碼（Global Trade Item Number，GTIN），而這個代碼（或代碼的一部分）就是商品條碼中的那串數字。至於那些線條，則是GTIN被按規律轉化的可供電腦識別的圖形符號，以實現自動化的資訊讀出。與單純基於數位的編碼系統相比，條碼的出現使電腦識別成為可能，與傳統的人工資訊輸入相比，大大提高了效率，同時也增加了可靠性。

條碼的種類

GS1編碼系統提供了多種不同的條碼形式，包括EAN/UPC、GS1 DataBar、GS1-128、ITF-14、Data Matrix和Composite Component等。

不同的條碼形式，由於圖案大小、資訊容量及對條碼掃描器要求等等的不同，都具有各自的優勢及不足，可以供不同特點、不同流通管道的商品使用。

在零售貿易項目（也就是放在商場、超市當中直接供消費者選購的商品）中，使用最多的是EAN/UPC條碼。而EAN/UPC又可以分為四種形式：全球範圍中使用的EAN商品條碼（EAN-13，EAN-8）和僅在北美地區（一般指美國和加拿大）使用的UPC商品條碼（UPC-A，UPC-E）。值得一提的是，無論哪一種EAN/UPC條碼，都不包括商品的批號、生產日期、有效期等內容，更不具有防偽功能。

EAN，歐洲商品編碼，全稱「European Article Number」，是一種起源於歐洲、而後在全世界範圍內（除北美地區）得到廣泛應用的商品編碼系統。其中，EAN-13是使用最多的形式，它也是我們在國內的商品零售包裝上最常見的條碼形式。

EAN-13條碼又稱標準版商品條碼，由13位元數位組成，包括12位元資料編碼和位於最右邊的一位校驗碼。校驗碼本身無意義，僅用於在儀器掃描條碼的過程中檢查其他12位元的資料編碼是否正確。另12位被分為廠商識別代碼和商品專案代碼兩部分。廠商識別代碼是表示廠商的唯一代碼，由GS1（國際物品編碼協會）在各個國家或地區的分支機構（台灣的GS1分支機構為：商品條碼策進會（簡稱「商策會」負責管理）分配給申請條碼的廠商。其中從左起前三位元稱為「首碼」（GS1 Prefix），不同的 GS1分支機構擁有由國際編碼協會統一分配的不同首碼。而剩餘的四到五位為項目代碼，則由廠商自行分配。EAN-8條碼又稱縮短版商品條碼，由八位元數字組成，一般只在商品可供條碼印刷面積不足時才使用。EAN-8條碼不包含廠商識別代碼，僅有商品項目識別代碼，而「首碼」則包含在商品項目識別代碼的前三位中。

UPC，全稱「Universal Product Code」，主要用於北美地區。由於一般僅僅用於美國和加拿大，所以各種形式的UPC條碼中均不包含代表分支機構的「GS1首碼」。UPC-A條碼最為常用，由12位元數位組成，同樣包括了廠商識別代碼、商品項目識別代碼和最後一位校驗碼。其中，左起第一位代表商品類別。而UPC-E條碼由八位元數位組成，較為少見，可以看作縮短版的UPC條碼。與EAN-8條碼相比雖同為八位元數字，但UPC-E不含中間分隔符號，且兩端各有一位元數位位於條碼區域之外。

「首碼」是否代表商品原產地？

在EAN-13條碼及EAN-8條碼中，從左起前三位元稱為「首碼」（GS1 Prefix），而這也是網傳「從條碼可辨別產品原產地」的「依據」。可惜，這種判別方法不靠譜。

1. UPC條碼中，無「GS1首碼」

上文中已經提到，「GS1首碼」僅僅在 EAN條碼中使用，而UPC條碼中根本不存在代表國家或地區的「首碼」。所以，如果你手中的商品是UPC-A條碼或者UPC-E條碼，那前三位元與「GS1首碼」根本無關。有意思的是，在某母嬰論壇對「條碼是否揭示奶粉原產地」的闢謠帖子中也忽略了這一點，錯誤地將UPC-A碼的前三位元當作GS1首碼，以「法國奶粉條碼以30~37開頭」為依據，將這個商品條碼的註冊地定位為法國。當然，分辨UPC-A條碼和EAN-13條碼非常簡單，只需要數清條碼底部數字位元數即可：UPC-A為12位，而EAN-13為13位。而對於不常見的UPC-E和EAN-8條碼，雖然同為八位元數字，但只需要參照上文中給出的圖案示例和區別描述，也能輕易分辨條碼類型的。

或許有人會說，既然UPC條碼一般只在北美地區使用，那是否只要看見UPC條碼，那商品的原產地就一定是美國、加拿大呢？很遺憾，這個猜測也是不正確的。在北美地區銷售的商品，無論原產地是哪裡，為了適應北美市場需要，一般都會選擇註冊並使用符合北美標準的UPC條碼。所以，使用UPC條碼的商品，並不說明它的原產地在美國或者加拿大。

2. EAN條碼中的「首碼」僅代表商品條碼註冊地

除北美地區以外使用的EAN條碼確實含有「GS1首碼」，而不同國家和地區的GS1分支機構也的確被分配了不同的首碼。但是，我們可以從GS1（國際物品編碼協會）的官方網站上看到如下申明：「GS1首碼不作為某一特定商品原產地的識別依據。它們的作用，僅僅是提供某一國家或地區一定數量的條碼，以供那些向該國家或地區分支機構申請條碼的廠商分配。而這些廠商則可以在全球任何地方生產它們的產品[2]。」換句話說，GS1首碼僅僅取決於生產某種產品的廠商向哪個國家或地區的國際物品編碼協會分支機構申請條碼，也就是商品條碼的註冊地。而得到條碼後，該廠商在世界上任何一個國家生產它的產品，都可以用這一系列帶有同一個首碼的商品條碼。

同樣，在GTIN分配規則中也有規定，「同種貿易項目在不同地點生產，如果製造商同屬於一個法人實體，則採用相同的GTIN。」另外，「在不同地域銷售的相同種類貿易項目的GTIN相同。」[3]也就是說，如果同一個廠商在不同城市、甚至不同國家中屬於自己的工廠裡生產同一種產品，那麼這些產品都會擁有相同的商品條碼；而同一種產品，即使最終將銷往不同的國家，它們的商品條碼也是相同的。至於分裝，也屬於商品生產的一個環節，同樣不違背上述原則。所以，即使商品條碼中確實含有「GS1首碼」，用它來判斷商品原產地的做法也是不嚴謹的，與分裝或者原裝也沒什麼直接關係。

既然從商品條碼判斷商品原產地已經被證明是不可靠的，那麼作為消費者，如何才能正確判斷商品的原產地呢？

以大家最為關心的進口食品為例。最重要的是，請從正規管道購買進口食品。台灣《食品安全衛生管理法》[4]第22條規定：食品及食品原料之容器或外包裝，應以中文及通用符號，明顯標示內容物名稱、食品添加物名稱、原產地、營養標示等資訊。符合中華民國法律規範的正規管道進口食品，包裝上都應有註明原產地的中文標籤標識。購買進口食品之前，仔細閱讀中文標籤資訊，即可找到真正的「原產地」。而若是那些海外代購、未經過進口商品審批程式也沒有中文標籤的「進口食品」，則只能依賴於那個國家對食品標籤的要求看是否能尋找到原產地資訊，同時還面臨著「滿篇洋文」的尷尬，總有些得不償失了。

至於正規管道進口的其他類別商品，台灣對中文標籤標識及原產地標識也有不同的規定及要求。很遺憾，有些類別的進口商品監管的確存在著漏洞，雖然消費者可以要求經銷商提供報關單、原產地證明等等來維護自己的權益，但還是希望各個領域都能加強規範和監管。

A

謠言粉碎。
商品條碼與商品原產地無關。全球通用的EAN條碼系統中，商品條碼前三位多數代表條碼註冊國家（或地區），少數僅代表商品類別；而北美地區使用的UPC條碼中，前三位則無此意義。對消費者來說，要正確判斷進口食品原產地，只需閱讀從正規管道進口及銷售的食品包裝上所附的中文標籤標識。

參|考|資|料

[1] GS1 Taiwan財團法人中華民國商品條碼策進會：http://www.GS1tw.org
[2] The global language of business: Prefix List
[3] The global language of business: GTN分配規則主頁
[4] 中華民國《食品安全衛生管理法》

如果不吃，那就不殺？

◎紅色皇后

Q

曾有人說，動物攝影師丹尼斯．赫特（Michel Denis Huot）拍攝過一組照片，獵豹並沒有把捉到的羚羊吃掉，還和牠溫柔地玩耍。如果不餓就不要濫殺無辜，這是動物界的規定，名為「野生動物的法則」。

動物可不是只為了吃才獵殺。捕殺遠遠超過食量的獵物的現象，在動物界廣泛存在。

動物捕殺只為了吃？別鬧了

1974年，在坦尚尼亞貢貝溪國家公園（Gombe Stream National Park），八隻黑猩猩來到牠們地盤的邊緣，把鄰群一隻落單的黑猩猩打得奄奄一息。可憐的落單者一瘸一拐回到森林，之後，研究者們就再沒有見過牠。

動物殺掉動物可以有種種的理由，而吃只是其中一種。如果黑猩猩殺死猴子然後吃肉，在動物行為學上屬於捕食行為；而如果牠為了搶地盤殺死另一隻黑猩猩，這就是攻擊行為。捕食行為是為了吃，可以針對各種可吃的東西，攻擊行為則是為了搶奪資源（食物、異性等），只針對同類。雖然兩者都可能會用到牙齒、爪子和肌肉，但在本質上是完全不同的行為。

除此以外，動物也可能為了自衛（防禦行為），為了保護自己的地盤（領域行為），或者為了保護孩子（繁殖行為）而殺死其他動物，「吃」只是「殺」的理由之一。說野生動物只為了吃而殺，顯然是不正確的。

那麼，為了吃而殺的情況呢？

荷蘭生物學家克魯克（Hans Kruuk）在《斑鬣狗的捕食和社會行為》（The Spotted Hyena: A Study of Predation and Social Behaviour）一書中記載，1966年，一群斑鬣狗（Crocuta crocuta）

咬死了至少110隻湯氏瞪羚（Eudorcas thomsonii），還傷了很多隻，但只吃了一小部分（研究者抽查的59隻只有13隻被吃掉）。

斑鬣狗和瞪羚不是同類，沒有競爭關係，斑鬣狗殺死瞪羚的數量遠遠超過吃的數量。「捕」而不「食」，這在動物行為學上稱為「surplus killing」，在學術論文中，可以翻譯為「過捕」、「浪費能量的獵殺」。對動物有興趣的人可能聽說過「殺過行為」，科普雜誌《森林與人類》的2000年第三期刊登過一篇文章，名為《奇怪的動物「殺過」行為》，「殺過」是對「surplus killing」這個詞的另一種翻譯，不過，「殺過」在學術界並不是通用的術語。

許多種類的動物有過捕行為，除了斑鬣狗外，還有豹、紅狐、伶鼬（Mustela nivalis）、虎鯨、花頭鵂鶹（Glaucidium passerinum）、一種雜食性的椿象（Macrolophus pygmaeus），一種蚊的幼蟲（Corethrella appendiculata）等等。

克魯克在1972年發表的論文《食肉動物的過捕行為》（Surplus killing by carnivores）裡，研究了過捕行為出現的原因：有人認為，食肉動物（carnivore，即食肉目哺乳動物）覓食的行為受到饑飽影響，但捕殺這個行為卻不受是否飽腹制約。換句話說，吃飽的貓不會去「尋找」老鼠，但你給牠老鼠，牠仍然會「抓住」並「咬死」，所以食肉動物捕殺可能是不問饑飽的。另外，獵物可以引起食肉動物的捕殺本能，大量的獵物對捕食者來說是很大的刺激，也會刺激牠不斷捕殺。

另外，獵物不能逃跑或抵抗，也是出現過捕的一個條件。例如在天色黑暗的暴風雨夜，黑頭鷗（Larus ridibundus）不能飛逃，而被狐狸一個個殺掉。20世紀60年代晚期，蘇格蘭南部必須限制紅狐的數量，以防它們滅絕當地的黑頭鷗。

A

謠言粉碎。
動物殺死其他動物的原因不僅僅是捕食。即使為了捕食，動物也可能會殺掉遠遠超過食量的獵物，稱為過捕（surplus killing）。

參考資料

[1] Hans Kruuk, "Surplus killing by carnivores", in Journal of Zoology (February 1972), Volume 166, Issue 2.

[2] 邱毅恒，又不吃是否表示白殺了？國立中山大學生物科學系98級97學年年度專題討論論文集。2008.12。

[3] 楊生妹等，變化量對艾虎取食行為的影響。動物學研究，08:2。

[4] Wildlife On line: QUESTIONS AND ANSWERS: Foxes I

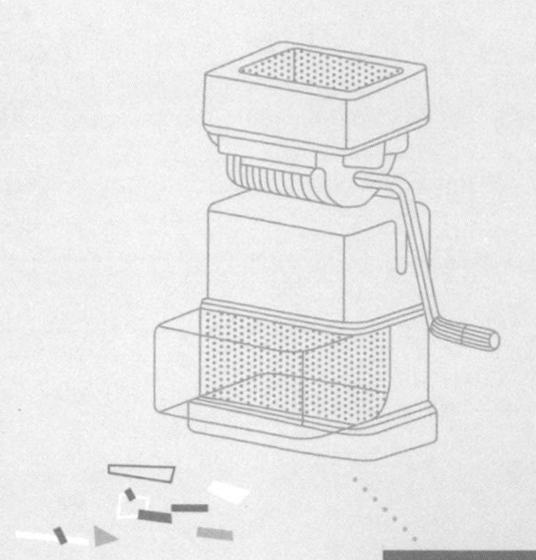

謠言粉碎Combo！

那些電腦的二三事

◎Albert_JIAO、簫汲

Gossip 1

● 中午睡覺時要記得關電腦，因為只把螢幕關掉是無法杜絕輻射的，而且我們都是趴著睡，頭直接對著電腦，哪天得了老年癡呆症或腦瘤就來不及了！輻射線真的很可怕的！小心啊，健康重於一切！

一篇題為《電腦輻射——每天對著電腦四到六小時的人必看》的文章在網上流傳很久了。在仙人掌、防輻射服依舊走俏市場的情況下，我們就來翻翻舊賬，批量粉碎一下。

只關螢幕不關電腦依然有輻射存在是正確的，因為電腦主機殼裡的各部件也會產生輻射。但是目前沒有任何確切的證據證明，電腦各部件產生的相應頻率和大小的電磁輻射與老年癡呆症和腦瘤的發病有關係。

Gossip 2

● 一定要注意室內通風。科學研究證實，電腦的顯示幕能產生一種叫溴化二苯並呋喃的致癌物質。所以，放置電腦的房間最好能安裝換氣扇，倘若沒有，上網時尤其要注意通風。

溴化二苯並呋喃是塑膠耐燃劑——多溴聯苯醚（PBDEs）經過氧化偶聯得到的產物。這種氧化過程在塑膠燃燒時更為常見，而在日常使用過程中發生得很少。其實，多溴聯苯醚本身就是一類應該關注的污染物，它存在於許多產品中，不單單是電腦，並且因為代謝緩慢會在環境中蓄積，進而污染水源和食物。對塑膠垃圾的不正確處理是多溴聯苯醚釋放、溴化二苯並呋喃產生的很重要的一條途徑。

這個說法很可能是早期對電視機塑膠外殼猜疑的遺留產物，如今又被套用到電腦螢幕上了。當然，在室內注意通風是沒錯的。

Gossip 3

● 常坐在電腦桌前的你，是否一坐就是好幾個小時而且坐姿不正確，肩頸總感到莫名的疼痛，甚至無心工作？現在請你做個小測驗，請你將你的頭向左側方向望去，然後將你的頭朝45度慢慢彎下去，動作做到這裡，你的脖子頸肩是否感到不正常的酸痛？假使你有上述症狀，你可要小心了，因為你很可能是現代電腦文明病「胸廓出口症候群」的受害者。

胸廓出口綜合症是一類較為罕見的疾病，發病的主因是先天解剖結構異常（如額外的頸肋等），另外頸部較長、肩膀塌陷的人更容易罹患此病。雖然說不良的姿勢也與該病有關，例如長年累月的彎腰駝背姿勢可能會加劇症狀，但這和是不是在使用電腦並沒有必然的聯繫。即使不用電腦，如果生活習慣不良的話，還是會引起疼痛。所以重要的是維持良好的姿勢，而不是把責任推卸給電腦。

此外，不管是不是胸廓出口綜合症，在使用電腦使都要注意保持良好的姿勢，別彎腰駝背、不要在電腦前坐太久；一旦出現肩頸部、手肘、手部的麻木、疼痛、無力等不適，請諮詢專業的臨床醫師，不要擅自給自己下診斷，或嘗試一些未經驗證的偏方、理療或其他療法。像流言中提到的小測驗對診斷該病價值不大，此外，該病在左側或右側都可能發生，單單把脖子轉向左側是沒有用的哦！

Gossip 4

● 電腦一族的您或許常納悶為何常常感到腰酸背痛，身體抵抗力越來越弱，精神常常無法集中，您絕對無法想像原因出在「電腦」！電腦所散發出的輻射電波往往為人們所忽視，依國際MPRⅡ防輻射安全規定，在50cm距離內的輻射暴露量必須少於25V/m，但您知道電腦的輻射量是多少嗎？告訴您——鍵盤1,000V/m；鼠標450V/m；螢幕218V/m；主機170V/m；筆記型電腦2,500V/m。

MPRII標準確實存在，它是瑞典技術認可局對於電腦顯示器一個的電磁輻射標準，不過並不適用於其他電腦部件。其中25V/m的輻射暴露量限制也確有其事（在50cm的位置，而不是50cm以內；只限於5Hz~2,000Hz的較低頻率輻射）。這個數值是綜合了現有的各種關於電磁輻射與健康的研究制定的一個嚴格的限制值，如果電腦螢幕輻射量在標準以內，安全性是很令人放心的；即使輻射接近或者稍微超出標準，也並不意味著會對人體有明顯傷害，只是會有一些有輕微危害的可能性，此類的安全標準可以說是為了「以防萬一」而制定的。

至於鍵盤、滑鼠等電腦部件的輻射值，該結果就完全不靠譜了，根據中國計量科學院進行的一次測量試驗，這些電腦部件的實際輻射值大多都小於1V/m，離筆記型電腦螢幕5cm的位置也只有6V/m，遠沒有如此誇張。2,500V/m的電場強度在離高壓線很近的位置才會達到，日常家用電器中一般不會出現。

Gossip 5

● 在電腦旁放上幾盆仙人掌，可以有效地吸收輻射。
而對於生活緊張而忙碌的人群來說，抵禦電腦輻射最簡單的辦法就是在每天上午喝兩到三杯的綠茶。茶葉中含有豐富的維生素A原，它被人體吸收後，能迅速轉化為維生素A。維生素A不但能合成視紫紅質，還能使眼睛在暗光下看東西更清楚，因此，綠茶不但能消除電腦輻射的危害，還能保護和提高視力。如果不習慣喝綠茶，菊花茶同樣也能起著抵抗電腦輻射和調節身體功能的作用，螺旋藻、沙棘油也具有抗輻射的作用。

首先，一台電腦擺在那裡，向各個方向發射的電磁輻射或者電磁波的強弱主要是由電腦本身決定的，仙人掌無法遮罩或者吸附之。最關鍵的是，電腦的電磁輻射水準並不會對健康造成危害，因此沒有遮罩的必要。再來，沒有證據表明電腦所釋放的輻射對健康會造成不利影響，因此沒有必要進行特別的防護。

綠茶中確實富含β-胡蘿蔔素（維生素A的前體），但是胡蘿蔔素為脂溶性物質，茶湯中溶解量較少，因此綠茶不是最好的補充維生素A的來源，況且一般來說，正常人的每日飲食都能補充足夠的維生素A或β-胡蘿蔔素。

缺乏維生素A會引起夜盲症，額外補充β-胡蘿蔔素並不會使人獲得特別的益處，而攝取維生素A過多反而會引起中毒。因此短期內攝取大量單一的食物對健康沒有特別的益處。流言中提到的菊花茶、螺旋藻和沙棘油的抗輻射作用也同樣是無稽之談。

Gossip 6

● 上網前先做好護膚隔離，如使用珍珠膜，獨特的「南珠翠膜」能夠在肌膚上形成一層0.001mm珍珠膜，可以有效防止污染環境的侵害和輻射；其次在使用電腦後，臉上會吸附不少電磁輻射的顆粒，要及時用清水洗臉，這樣將使所受輻射量減少70%以上！

電腦的電磁輻射主要來源於電腦裡的各種電路，但它們並不會產生類似放射性物質小微粒的東西。坐在電腦前，把電腦打開，身體就會開始接受到電磁輻射；而當把電腦關閉以後，電磁輻射也就立刻停止了，臉上不會有「殘餘的微粒」，也就沒有必要洗掉了。傳統的CRT顯示器會因為靜電而吸附一些灰塵，但這些灰塵本身不會產生電磁輻射，落到臉上也不會造成輻射損害。

總之，清潔洗臉是需要的，但是和防輻射沒有關係。

Gossip 7

● 應盡可能購買新款的電腦，一般不要使用舊電腦，舊電腦的輻射通常較厲害，在同距離、同類機型的條件下一般是新電腦的一到兩倍。
另外，電腦的擺放位置很重要。盡量別讓螢幕的背面朝著有人的地方，因為電腦輻射最強的地方是背面，其次為左右兩側，螢幕的正面反而輻射最弱。人體與螢幕的距離應以能看清楚字為準，至少也要保持50公分到75公分的距離，這樣可以減少電磁輻射的傷害。

這種流言怎麼看都像賣電腦的軟文（相對於硬廣告）。新款與舊款電腦的差別主要是在性能方面，輻射水準確實可能存在不同，但「舊電腦的輻射一般較厲害，一般是新電腦的一到兩倍」的說法沒有依據。然後還是那句話，電腦的電磁輻射水準並不會對健康造成危害。

再來，電腦顯示幕作為電腦的一個部件，產生的輻射大小有限，輻射大小不只要看顯示幕的位置，還要看主機殼的位置。選擇離電腦距離遠一些是有道理的，因為電磁輻射的大小與距離的二次方成反比，距離遠一些可以顯著降低輻射，只是無論降不降低都在安全標準之內，意義並不大。距離遠近與保護視力就是另外一個話題了。

Gossip 8

● 操作電腦時最好在顯示幕上裝一塊電腦專用濾色板以減輕輻射的害，室內不要放置閒雜金屬物品，以免形成電磁波的再次發射。使用電腦時，要調整好螢幕的亮度。一般來說，螢幕亮度越大，電磁輻射越強，反之越小。不過，也不能調得太暗，以免因亮度太小而影響效果，且易造成眼睛疲勞。

濾色板只能過濾掉一部分可見光，而我們所指的電腦輻射一般都是無線電波、射頻電磁波段，濾色板起不了作用。周圍擺放金屬物體會對電磁場分佈產生一定影響，但這種影響往往微乎其微。至於螢幕的亮度，這與電腦總體上的輻射大小同樣關係不大，因為電腦的各個部件都會產生輻射，其中螢幕只產生一部分輻射，主機殼裡的CPU等元件才是輻射的主要來源。

Gossip 9

● 長期使用電腦的人，為了保護眼睛，應注意酌情多吃一些胡蘿蔔、豆芽、番茄、瘦肉、肝等富含維生素A、C和蛋白質的食物，並經常喝些綠茶。

食物的營養搭配應注意均衡，葷素搭配，如果為了多吃上述這些食物而忽略了其他營養物質的攝取就顯得得不償失了。所有的營養物質都要注意不能攝取太少，也不能攝取過多，尤其是維生素A，成人一次攝取超過$3\times10^5\mu g$視黃醇當量的維生素A（約合六公斤豬肝），兒童一次攝取超過$9\times10^4\mu g$（約合1.8公斤豬肝）會引起急性中毒。成人每日攝取2.25至$3\times10^4\mu g$視黃醇當量的維生素A（約合450～600g豬肝），兒童每日攝取1.5至$3\times10^4\mu g$（約合300～600g豬肝）連續超過六個月會引起慢性中毒。因此過多攝取富含維生素A的食物有害無益。

Gossip 10

● 經常在電腦前工作的人常會覺得眼睛乾澀疼痛，所以，必須在電腦桌上放幾個香蕉，香蕉中的鉀可幫助人體排出多餘的鹽分，讓身體達到鉀鈉平衡，緩解眼睛的不適症狀。此外，香蕉中含有大量的β-胡蘿蔔素，當人體缺乏這種物質時，眼睛就會變得疼痛、乾澀、眼珠無光、失水少神，而多吃香蕉不僅可減輕這些症狀，還可在一定程度上緩解眼睛疲勞，避免眼睛過早衰老。

多補充β-胡蘿蔔素對維生素A缺乏症的患者有益，然而對於不缺乏維生素A的人來說不會有額外的益處。一般人長期坐在電腦前導致的眼睛乾澀是視疲勞導致的，要注意每間隔45到60分鐘休息約15分鐘，避免用眼過度。香蕉中確實富含鉀，適當增加食物中的鉀攝取量，減少鈉的攝取量對高血壓病人有益。不過任何營養素的攝取都要根據每天的總營養素攝取量計算，將某種營養素的攝取都寄託於一種單一食物既不合適，也是不可能的。

作者名錄

鷹之舞 / 生態學碩士
擬南芥 / 生物科學作者
饅頭家的花卷 / 前生化試劑行業從業者，現為技術圖書譯者
famorby / 動物遺傳碩士
Creative / 機械電子工程、消費產品設計專業
Albert_JIAO / 電子工程專業博士生
鳥人桃之妖妖 / 海洋生物學專業
簫汲 / 神經胃腸病學博士生
Eggcar / 通信工程專業
沉默的馬大爺 / 心理學專業博士生
暗號 / 畜牧學碩士廣
林星雲 / 天文科普撰稿人
rosafamily / 心理學專業博士生
snowmark-zhang / 電子資訊碩士
大侖丁 / 臨床醫學碩士
瘦駝 / 生物學專業
和諧大巴 / 臨床醫學博士生
貓羯座 / 流行病學碩士生
天藍提琴 / 機器人工程師，創客
何以袖手 / 高分子材料碩士生
奧卡姆剃刀 / 通信專業博士
蕨代霜蛟 / 生物醫藥專業
風飛雪 / 植物分子生物學博士生
搖滾驢 / 電氣工程及自動化博士
Solier / 生物學專業
冷月如霜 / 植物細胞生物學博士生
Calo / 分子生物學專業
逆旅 / 昆蟲學碩士，現任Pansci泛科學網站主編
鳥窩裡的貓妖 / 猛禽救助師
史軍 / 植物學博士
一本大叔 / 實習醫師
cobblest / 心理學博士生
紅色皇后 / 中文系博士生
窗敲雨 / 醫學碩士
青年熊貓 / 臨床醫學博士生
Le Tournesol / 海洋生物專業
水軍總啼嘟 / 流體物理學博士
虞潔 / 食品科學碩士

工作人員名錄

陳 旻、李 飄、宮 玨、耿志濤、袁新婷
謝默超、龔迪陽、支 倩、曹醒春

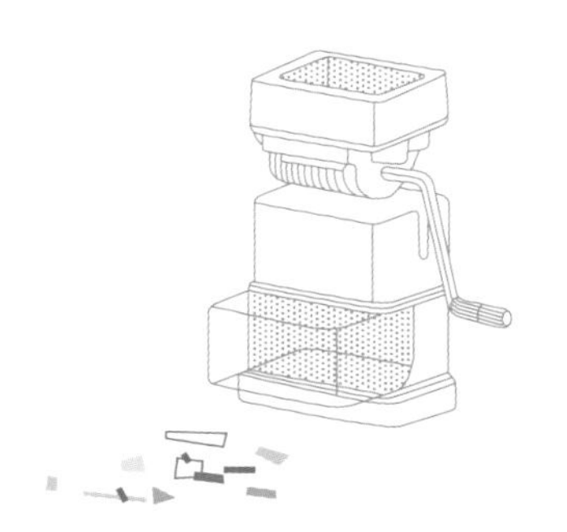

國家圖書館出版品預行編目（CIP）資料

謠言粉碎機：謠聲一變,別被流言嚇傻了! / 果殼網著. -- 初版. -- 臺北市：九韵文化；信實文化行銷, 2016.06
面；　公分. --（What's Look）
ISBN 978-986-5767-99-0（平裝）

1. 科學　2. 通俗作品

307.9　　105006358

What's Look

謠言粉碎機：謠聲一變，別被流言嚇傻了！

作　　者　果殼網 Guokr.com
封面設計　黃聖文
總 編 輯　許汝紘
美術編輯　楊詠棠
編　　輯　黃淑芬
發　　行　許麗雪
執行企劃　劉文賢
總　　監　黃可家
出　　版　信實文化行銷有限公司
地　　址　台北市松山區南京東路5段64號8樓之1
電　　話　（02）2749-1282
傳　　真　（02）3393-0564
網　　址　www.cultuspeak.com
讀者信箱　service@cultuspeak.com
劃撥帳號　50040687 信實文化行銷有限公司

印　　刷　上海印刷廠股份有限公司

總 經 銷　高見文化行銷股份有限公司
地　　址　新北市樹林區佳園路二段 70-1 號
電　　話　（02）2668-9005

香港總經銷　聯合出版有限公司
地　　址　香港北角英皇道75-83號聯合出版大廈26樓
電　　話　（852）2503-2111

本書原出版者為：清華大學出版社。中文簡體原書名為：《谣言粉碎机：摇一摇，你就真懂了！》版權代理：中圖公司版權部。本書由中信出版集團股份有限公司授權信實文化行銷有限公司在臺灣地區獨家發行。

2016 年 6 月 初版
定價：新台幣320元

拾筆客